Raviteja Markonda

Design melhorado para válvula hidráulica e equipamento de teste de válvula hidráulica

Raviteja Markonda

Design melhorado para válvula hidráulica e equipamento de teste de válvula hidráulica

Conceção e desenvolvimento

ScienciaScripts

Cover image: www.ingimage.com

This book is a translation from the original published under ISBN 978-620-2-05461-4.

Publisher:
Sciencia Scripts
is a trademark of
Dodo Books Indian Ocean Ltd. and OmniScriptum S.R.L publishing group

120 High Road, East Finchley, London, N2 9ED, United Kingdom
Str. Armeneasca 28/1, office 1, Chisinau MD-2012, Republic of Moldova, Europe
Printed at: see last page
ISBN: 978-620-7-69592-8

CONCEPÇÃO MELHORADA DA VÁLVULA HIDRÁULICA E DO EQUIPAMENTO DE ENSAIO DE VÁLVULAS HIDRÁULICAS

RESUMO

O equipamento de ensaio hidráulico é uma máquina que é utilizada para testar as válvulas hidráulicas. As actuais plataformas de ensaio são utilizadas de acordo com apenas algumas especificações particulares, mas no nosso projeto desenvolvemos um processo e implementámos a ideia de construir uma plataforma de ensaio hidráulico universal que pode ser capaz de testar qualquer tipo de válvulas com ajustes simples. As válvulas hidráulicas são concebidas principalmente para efetuar o fluxo do fluido hidráulico com as pressões desejadas. Mas observa-se que há muitas perdas de pressão no fluxo, o que leva a que as pressões de fluxo não sejam atingidas como esperado. Num pré-projeto para este trabalho, foi concebida uma válvula hidráulica patenteada para melhorar a pressão de escoamento do fluido hidráulico. O principal objetivo da conceção da válvula é diminuir as perdas de pressão e dar o máximo rendimento da outra extremidade da válvula. O equipamento de ensaio hidráulico é concebido com a ajuda de um software de conceção e o processo de simulação do fluxo ajuda a conhecer o fluxo de pressão da entrada para a saída da válvula. Após o teste do desenho, a válvula é testada no novo equipamento de teste hidráulico universal desenvolvido neste projeto. Com a utilização futura do equipamento de teste de válvulas hidráulicas, as semelhanças e variações são observadas a partir de ambas as simulações efectuadas e os resultados dos testes podem ser comparados para otimizar ainda mais o design da válvula. Com a combinação do equipamento de teste hidráulico e da válvula hidráulica redesenhada, forneceremos a possibilidade de um equipamento de teste experimental para obter um design melhor e máximo que possa ser alcançado, reduzindo as perdas de energia nos projectos de válvulas hidráulicas.

PREFÁCIO

A tese de mestrado é um tratado académico, apresentado pelos candidatos PRATIKCHANDRA J. VASAVA E RAVITEJA MARKONDA a um Comité de Supervisão para aprovação em nome da HALMSTAD UNIVERSITY e, em seguida, apresentado ao Controlador de Exames em cumprimento parcial dos requisitos para o grau de mestre. Trata-se de uma importante realização académica que deve ser apresentada com orgulho. Esta tese inclui um estudo de conceção e desenvolvimento de uma válvula hidráulica e um equipamento de ensaio.

O nosso objetivo, portanto, não é tanto descrever um equipamento de teste hidráulico mais forte ou mais robusto que já existe, mas sim melhorar a nossa compreensão do processo de conceção e desenvolvimento. Por este motivo, grande parte da tese é teórica. No entanto, para demonstrar que as ideias também são práticas, foi planeada a sua implementação nos próximos períodos. Como resultado, os capítulos tendem a alternar entre teoria e simulação de projeto.

No Capítulo 1, explorámos as teorias da hidráulica e os antecedentes da válvula hidráulica e, no Capítulo 2, estudámos os métodos alternativos e a metodologia do processo. No Capítulo

3, desenvolvemos o produto com as especificações e conceitos de engenharia adequados. No Capítulo 4, estudámos resumidamente os equipamentos de teste hidráulico e o seu funcionamento. No Capítulo 5, são concebidos novos modelos para as válvulas hidráulicas e são efectuadas simulações. Os resultados e as conclusões são discutidos finalmente nos últimos capítulos.

Em grande medida, esta tese é autónoma. Não é necessária qualquer avaliação de conhecimentos prévios, uma vez que é incluída uma introdução exaustiva. No entanto, pressupõe-se algum conhecimento de outras áreas. O desenvolvimento seguiu o esquema adequado no desenvolvimento do produto e os projectos são feitos com referência aos modelos existentes com as alterações adicionais que devem ser acrescentadas e os resultados são derivados das simulações e são concluídos.

ÍNDICE DE CONTEÚDOS:

CAPÍTULO 1

INTRODUÇÃO

1.1 Antecedentes:

As válvulas são normalmente utilizadas em aplicações hidráulicas. A hidráulica diz respeito a um líquido espesso, ou seja, óleo. As aplicações hidráulicas são utilizadas para conhecer a engenharia mecânica e as propriedades hidráulicas. Neste projeto, estamos a trabalhar numa plataforma de ensaio de válvulas hidráulicas e numa válvula hidráulica. Em termos gerais, a válvula é configurada para regular o fluxo de fluido abrindo ou fechando passagens de fluido. Os tipos mais utilizados são, por exemplo, válvulas de esfera, válvulas de obturador e válvulas de gaveta.

Patente dos E.U.A. No. 3,383,088 revela uma válvula de obturador com um obturador de forma cónica inserido num orifício cónico. O espaço entre a parede interior do furo e a superfície exterior do corpo rotativo é vedado por meio de uma manga. Além disso, estão previstas áreas de alívio de pressão para evitar uma acumulação de pressão que force a manga para um orifício do obturador. Um dos inconvenientes da válvula acima referida é o facto de o seu fabrico exigir maquinaria complexa e avançada. Outro inconveniente é que o obturador pode mover-se na direção axial durante o funcionamento, reduzindo a fiabilidade da válvula. Um outro inconveniente da válvula é o facto de não poder ser implementada em aplicações hidráulicas que utilizem uma pressão interna superior a 400 bar. Nesse caso, o fluido hidráulico pode vazar por trás da manga e eliminar completamente a função das áreas de alívio de pressão.

Para aplicações hidráulicas, a série DN de válvulas de esfera de cartucho está disponível comercialmente pela Rotelmann GmbH. Estas válvulas estão configuradas para serem ligadas a blocos de colectores de controlo de uma forma simples. Uma válvula deste tipo é composta por um cartucho para inserção num poço preparado no bloco de controlo. O furo, que intersecta o poço do cartucho em ângulo reto, é bloqueado por uma válvula de esfera fechada dentro do cartucho. Um O-ring fixado helicoidalmente ao cartucho veda a interface cartucho-furo. Uma desvantagem das válvulas da série DN é o facto de o O-ring ter de passar sobre as aberturas do cartucho quando a válvula é montada. Por conseguinte, existe um risco grave de rasgar o O-ring durante a montagem. Além disso, as válvulas incluem uma pluralidade de componentes, o que resulta numa válvula complexa e dispendiosa. Assim, é necessária uma válvula melhorada, que seja eficiente e económica.

Neste projeto, utilizámos a teoria da hidráulica para compreensão e aprendizagem básica. O equipamento de teste hidráulico é feito com a ajuda da combinação de diferentes equipamentos hidráulicos e da formação de um circuito completo para testar a válvula hidráulica. Na outra parte do projeto, estamos a trabalhar na conceção de uma válvula hidráulica na qual, com a ajuda do processo de simulação, estamos a tentar reduzir a perda de pressão. Assim, no processo de simulação, mantivemos algumas condições de fronteira e limites de pressão, executámos o processo e obtivemos alguns resultados que mostram a redução das perdas de pressão no fluxo. O projeto ajudou a criar o novo produto, uma vez que tem o seu próprio método de trabalho ou aplicação, a fim de obter resultados para testar a válvula hidráulica e o seu fluxo de pressão. Deve ser patenteado para poder ser útil às empresas e ser utilizado, uma vez que tem especificações diferentes das outras. Da mesma forma, a válvula hidráulica em que trabalhámos reduziu a perda de pressão em 0,5-0,1 MPa, o que pode ser vantajoso para as empresas que compram este produto.

1.2 Objetivo do estudo

O principal objetivo do projeto é permitir a redução da perda do fluxo de pressão nas válvulas hidráulicas. O equipamento de teste universal está a ser desenvolvido para testar a válvula hidráulica. A intenção é otimizar as perdas de energia e trabalhar numa nova conceção da válvula hidráulica.

A lista de questões e a área de investigação que estão a ser discutidas durante o projeto são mencionadas abaixo:

- Perda de pressão , quando o fluxo de líquido passa através da válvula hidráulica
- Manter o fluxo de líquido da entrada para a saída

Para resolver as questões acima referidas, trabalhámos no projcto de uma válvula hidráulica. O processo de simulação FloEFD está a ser utilizado para simular o resultado do fluxo de líquido hidráulico através da válvula, uma vez que comparamos o resultado com o antigo e verificamos os resultados dos testes através do processo de simulação.

1.1.1 Definição do problema

O problema desta tese consistia em conceber um equipamento de ensaio hidráulico que permitisse testar o fluxo de pressão hidráulica de um líquido. A outra parte do problema que precisava de ser trabalhada consistia em redesenhar a válvula hidráulica da qual seria executado um modelo de simulação para verificar a perda de pressão do líquido hidráulico.

1.3 Limitações

Houve muitos inconvenientes durante a realização do projeto, que são mencionados a seguir:

- O caudal do líquido hidráulico foi apenas comparado com a válvula NG 6 para verificar a diferença de pressão.
- O processo de simulação foi executado no software FloEFD, mas não foi possível verificar a válvula através de testes no protótipo numa plataforma de testes hidráulicos.

1.4 Responsabilidade e esforços individuais durante o projeto

Dividimos o trabalho do projeto igualmente entre os dois colegas de equipa. A coordenação entre a equipa permitiu pensar com muita criatividade na conceção e desenvolvimento do produto e do processo. As simulações e o design são efectuados utilizando o software, enquanto a literatura é estudada e escrita com a ajuda dos conhecimentos pessoais e teóricos de cada membro.

1.5 Ambiente de estudo

O projeto trata efetivamente da investigação e do desenvolvimento da válvula hidráulica e melhora o seu desempenho em termos de pressão e fluxo. A teoria da hidráulica explica as propriedades da hidráulica e o funcionamento da válvula hidráulica, permitindo que os investigadores compreendam claramente como melhorar o projeto. A biblioteca da universidade presta um bom apoio, fornecendo um grande número de livros para a literatura e referências. A universidade forneceu um bom laboratório e equipamento para o estudo e apoiou-o em todas as necessidades que lhe foram solicitadas.

CAPÍTULO 2

MÉTODO

2.1 Métodos alternativos

As alternativas para o projeto da válvula hidráulica baseiam-se na melhoria da válvula existente denominada NG6. Para determinar as perdas de pressão e as diferenças de pressão do fluido hidráulico que atravessa a válvula hidráulica, considerou-se a válvula de referência NG6 para a nova conceção da válvula hidráulica. A diferença de pressão entre duas válvulas pode ser determinada e o caudal pode ser medido utilizando a metodologia seguinte. O equipamento de ensaio de válvulas hidráulicas foi desenvolvido com um equipamento de ensaio de referência fabricado pela FESTO, que está bem estabelecida no mercado pelos seus equipamentos de ensaio pneumáticos e hidráulicos. As comparações entre ambos os equipamentos de teste podem ser vistas através dos métodos QFD e morfológico abaixo.

2.2 Metodologia

O projeto consistia em redesenhar a válvula, uma válvula hidráulica, para a qual eram necessários conhecimentos básicos de hidráulica. O projeto exige um banco de ensaio hidráulico que está a ser desenvolvido com base no livro "The Mechanical Design Process" de David G. Ullman. O produto desenvolvido é comparado com o banco de ensaio da FESTO, que dá referência para construir o novo banco de ensaio com várias funções e subfunções novas. O banco de ensaio é uma combinação de vários componentes e especificações, que testam a válvula hidráulica. Em seguida, a outra parte do projeto consistiu em redesenhar a válvula hidráulica. O novo desenho foi desenvolvido tomando como referência a válvula NG 6. O projeto foi feito com a ajuda do software FloEFD, para reduzir a perda de pressão do fluxo que atravessa o líquido. O FloEFD detecta o fluxo de pressão completo desde a entrada até à saída e mantém o fluxo contínuo com a mesma quantidade de líquido hidráulico. Assim, a válvula hidráulica é projectada para obter o nível extremo de pressão através da sua saída.

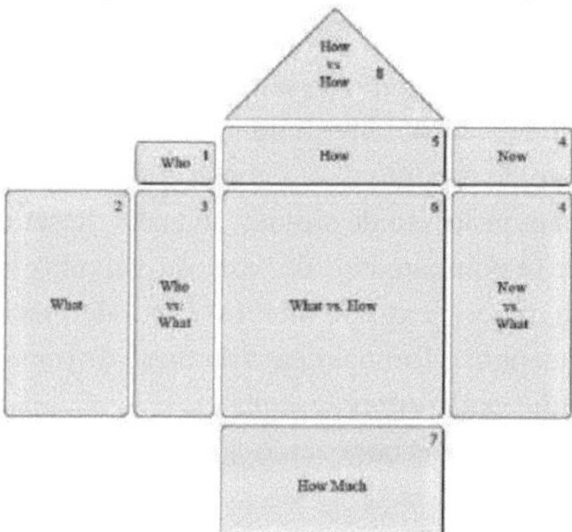

Figura 1: A casa da Qualidade, conhecida como QFD

O desenvolvimento da informação começa com a identificação de quem são os clientes (passo 1) e o que é que eles querem que o produto faça (passo 2). Ao desenvolver esta informação, também determinamos para quem o "quê" é importante - quem versus o quê (passo 3). Em seguida, é importante identificar como o problema é resolvido atualmente (passo 4), por outras palavras, qual é a concorrência para o produto que está a ser concebido. Esta informação é comparada com o que os clientes desejam - agora versus o quê (passo 4) - para descobrir onde existem oportunidades para um produto melhorado. De seguida, vem um dos passos mais difíceis no desenvolvimento da casa, determinar como (passo 5) vai medir a capacidade do produto para satisfazer os requisitos dos clientes. Os "como" consistem nas especificações de engenharia, e a sua correlação com os requisitos dos clientes é dada pelos "*o quê" versus "como"* (passo 6). A informação sobre o objetivo - *quanto* (passo 7) - é desenvolvida na cave da casa. Finalmente, a inter-relação entre as especificações de engenharia é registada no sótão da casa - como *versus como* (passo 8).

Na fase de desenvolvimento do produto, o QFD fornece as várias soluções com especificações de engenharia para vários problemas que os investigadores têm. Dá uma estrutura completa para o desenvolvimento e permite-nos conhecer os requisitos de forma mais específica e particular. Após o desenvolvimento do produto, o processo é seguido com a geração de conceitos para as soluções que são desenvolvidas no QFD. Para tal geração de conceitos, a "morfologia" é um dos métodos mais importantes que pode ser utilizado formalmente, como aqui apresentado, ou informalmente, como parte do pensamento quotidiano. Esta técnica é composta por três etapas. O primeiro passo é listar as funções decompostas que devem ser realizadas. O segundo passo é encontrar o maior número possível de conceitos que possam fornecer cada função identificada na decomposição. O terceiro passo é combinar estes conceitos individuais em conceitos globais que satisfaçam todos os requisitos funcionais. Esta técnica é frequentemente designada por "método morfológico" e a tabela resultante por "morfologia", que significa "um estudo da forma ou estrutura".

2.2.1 O método da cascata

Descoberta de produtos: O projeto foi realizado com o objetivo de descobrir dois produtos diferentes. O primeiro é o desenvolvimento de um equipamento de teste de válvulas hidráulicas e o redesenho de uma válvula hidráulica.

Planeamento do projeto: O planeamento é feito para criar o produto, pelo que estão a ser implementados vários métodos de desenvolvimento de produtos. A partir da solução dos métodos de desenvolvimento de produtos, será construído um protótipo. Durante a conceção da válvula, esta é testada num processo de simulação antes de ser utilizada.

Definição do produto: O equipamento de teste de válvulas hidráulicas é definido para ajustar a posição da bobina, no contexto de medir o fluxo de pressão hidráulica. Enquanto a válvula hidráulica é utilizada para o fornecimento de fluxo de pressão hidráulica, para reduzir a perda de pressão na válvula, está a ser redesenhada.

Conceção concetual: O QFD é concebido para obter uma solução e para fazer um brainstorming do problema.

Desenvolvimento de produtos: A morfologia é um bom exemplo de como desenvolver um produto, em que diferentes conceitos são feitos por sub-função, a partir dos quais é feita uma solução e comparada com o método alternativo.

Suporte do produto: O projeto da válvula hidráulica é desenvolvido e fornecido pelo inventor Jens Christian Lauridsen [6]. O desenvolvimento da plataforma de ensaio da válvula hidráulica recorre aos métodos e técnicas de desenvolvimento de produtos da loja Parker para equipamento e apoio. O projeto completo foi realizado sob a orientação do nosso professor Bengt Goran Rosen da Universidade de Halmstad e Hans Lofgren da Universidade de Karlstad. Desenvolvimento de uma metodologia virtual e física para o banco de ensaio

Comparação entre o equipamento de teste prático e as simulações FloEFD: O equipamento de teste de válvulas hidráulicas foi desenvolvido com a ajuda de métodos de desenvolvimento de produtos como o QFD e o gráfico morfológico. A solução a partir do resultado foi tomada para desenvolver o protótipo e estamos em processo de fazer o verdadeiro com a ajuda da loja parker, onde os acessórios do equipamento hidráulico seriam feitos. A outra parte do projeto, que consiste em redesenhar a válvula para reduzir a perda de pressão, é testada no processo de simulação. Estamos a trabalhar em ambas as partes do projeto e, nos próximos dias, construiremos o protótipo.

2.3 Preparativos e recolha de dados

Utilizámos as referências que obtivemos da Universidade de Karlstad e do nosso professor. Era necessária mais informação e conhecimentos para avançar com o trabalho, pelo que foram utilizados livros como Ullman G. para desenvolver o produto, ou seja, o banco de ensaios. O banco de ensaio para testar a válvula hidráulica estava a ser desenvolvido tendo em consideração vários métodos como o QFD e o gráfico morfológico. De acordo com isso, vários componentes foram seleccionados e encomendados, para que a montagem pudesse ser feita. A segunda parte do projeto é redesenhar a válvula hidráulica, com a ajuda de diferentes softwares como CATIA e FloEFD, o processo de simulação de fluxo foi feito para trazer a perda de pressão de fluxo de um líquido hidráulico na válvula. Assim, concluímos o projeto com o resultado como a improvisação do design da válvula hidráulica e o desenvolvimento de um novo equipamento de teste hidráulico.

CAPÍTULO 3

TEORIA

3.1 Teoria da Hidráulica

A hidráulica é utilizada para muitas aplicações numerosas que são basicamente utilizadas no domínio da engenharia para melhor compreender o conceito de hidráulica e a sua utilização. As propriedades mecânicas deste líquido hidráulico tornaram possível a sua utilização em engenharia e ciências aplicadas. A mecânica dos fluidos fornece a base teórica e as informações relativas às propriedades hidráulicas.

A hidráulica é um ramo da engenharia que se centra principalmente em problemas práticos como a recolha, o armazenamento, a medição, o controlo, o transporte e a utilização da água, bem como de outros líquidos. A base de todo o sistema hidráulico é apresentada na lei de Pascal, onde podemos descobrir como o fluxo de pressão do tanque ou do recipiente e o fluxo de pressão são extraídos. A lei de Pascal é muito importante para a geração atual, uma vez que é aplicada diariamente em equipamentos hidráulicos e veículos como automóveis e aviões, pois todos os seus fenómenos dependem completamente do líquido em movimento ou, por outras palavras, da pressão do fluido. A lei de Pascal é conhecida como Pressão = Força/Área. O tema da hidráulica divide-se, de facto, em duas partes, ou seja, hidrostática e hidrocinética.

O conceito de hidráulica não pode ser comparado ao mecanismo dos fluidos, uma vez que a hidráulica é o estudo das propriedades dos fluidos, da forma como é feita a distribuição do líquido e da forma como o líquido é rodado num circuito fechado. Existem muitos problemas no domínio da hidráulica relacionados com a pressão no escoamento do fluido, com o encaixe efectuado no escoamento da tubagem e com a fuga de fluido. De acordo com o teorema de Bernoulli PO], podemos ver que os vários tipos de energia que passam pelas tubagens são a energia cinética, a altura do fluido e a energia de pressão. A equação de Bernoulli sugere que ajuda a aumentar a velocidade do líquido hidráulico que se desloca no interior do tubo, ao mesmo tempo que diminui a pressão do líquido. Quando o fluido entra no tubo, a pressão é baixa e as partículas de fluido são submetidas à área onde a pressão é maior, pelo que, devido à alteração da pressão, a velocidade do líquido em fluxo diminui, resultando em quedas de pressão no fluxo. A fórmula da equação de Bernoulli para definir as pressões é a seguinte

$$\frac{v^2}{2} + gz + \frac{p}{\rho} = constant$$

Onde:

v é a velocidade de escoamento do fluido num ponto da linha de fluxo

g é o valor da aceleração devida à gravidade

z é a elevação do ponto acima de um plano de referência, com a direção z positiva a apontar para cima - ou seja, na direção oposta à da aceleração gravitacional,

p é a pressão no ponto escolhido, e

p é a densidade do fluido em todos os pontos do fluido.

3.1.1 Tipos de sistemas hidráulicos

A hidráulica pode ser dividida em duas formas diferentes designadas por hidrostática e hidrocinética. A hidrostática é definida como o líquido que está em repouso e que inclui o problema da flutuação e da flutuabilidade, para manter a pressão na barragem, nas prensas hidráulicas e noutros dispositivos submersos. A incompressibilidade relativa dos líquidos é considerada um dos seus princípios fundamentais. Enquanto a Hidrodinâmica é designada como o estudo dos líquidos em movimento, ocupa-se de questões como o atrito e a turbulência gerados em tubos por líquidos em fluxo, o fluxo de água sobre açudes e através de bocais, e a utilização da pressão hidráulica em máquinas.

Muitas vezes são utilizados canais abertos em vez de tubos para o fluxo do líquido. Podemos dizer que as irregularidades que se observam no fluxo de líquido nos tubos são semelhantes às do desequilíbrio do líquido que se observa nos canais abertos. Enquanto o fluxo de energia é utilizado para manter o fluxo de fluido e para dar continuidade ao impulso do líquido. Há muitos conceitos e factores científicos que trabalham com o princípio da hidráulica aplicada cientificamente e na perspetiva da engenharia.

Por exemplo:

1. Na geologia, a água subterrânea é estudada em pormenor, mas a sua aplicação também é vista no princípio básico da hidráulica.
2. Em oceanografia, a hidráulica costeira é intitulada como um tópico importante.
3. Para compreender a corrente que está em contacto com grandes estruturas e para as forças complexas, existem algumas escalas que são utilizadas para medir. As diferentes concepções são, por exemplo, docas secas, torres, reservatórios, eclusas, descarregadores de água, jactos de água e barragens, exigindo um conhecimento pormenorizado das propriedades e funções hidráulicas.

3.1.2 Era moderna da hidráulica

A hidráulica cresceu em grande escala para resolver e definir o problema do transporte de líquidos e gases que são utilizados para muitas tarefas objectivas. Em tempos anteriores, a água líquida era objeto de maior atenção e estudo para o transporte de fluidos e era dada importância às leis do movimento para líquidos viscosos, como os gases e os produtos petrolíferos. Para obter melhores resultados do sistema hidráulico, foram introduzidos muitos métodos novos para analisar e resolver os problemas da hidráulica, como o fluxo do líquido e a fuga ou perda de pressão do líquido. Os parâmetros geométricos do caudal, a temperatura do líquido, a pressão do caudal e as diferentes viscosidades do líquido. Juntamente com os outros

A hidráulica tem um grande significado. Num futuro próximo, a hidráulica será convertida num dos ramos aplicados da ciência geral do movimento dos fluidos e da mecânica dos fluidos.

3.1.3 Utilização industrial

No domínio da aplicação do sistema hidráulico, são de referir, a título de exemplo, o elevador hidráulico, a maquinaria pesada e a estação de lubrificação. Os sistemas hidráulicos são largamente utilizados em muitas instalações industriais. Os sistemas hidráulicos mencionados são equipamentos de ensaio de componentes hidráulicos, máquinas-ferramentas, elevadores, gruas, ferramentas industriais, caixas de velocidades, robots industriais, macacos e máquinas-ferramentas. O crescimento inicial da eletrónica na última década ajuda a desenvolver a tecnologia e a produzir muitos componentes novos e máquinas novas. Podemos ver a implementação do sistema hidráulico na indústria metalúrgica em todo o tipo de máquinas. Os sistemas de transmissão de energia hidráulica têm sido preferidos por serem mais fáceis de transportar. O sistema hidráulico, tal como os movimentos circulares e lineares com movimentos automáticos e mecânicos, pode ser facilmente alcançado. Há uma grande variação no campo devido à facilidade de controlo dos sistemas hidráulicos, ao menor espaço ocupado e ao facto de serem económicos.

3.2 Equações

No projeto, trabalharemos com métodos de desenvolvimento de produtos como o QFD e a carta morfológica. Para desenvolver o desenho do valor hidráulico, temos estado a trabalhar com software como o CATIA e o processo de simulação FloEFD. Mas gostaríamos de incluir diferentes equações hidráulicas como a equação de Bernoulli e a Lei de Pascal.

2 2

- Equação de Bernoulli P1-P2 = 1/2 p(V2 - ρVl) ou podemos dizer que Al VI = A2V2
- A lei de Pascal é conhecida como Pressão = Força/Área

3.3 FloEFD

O software CATIA fornece muitos módulos para a análise e a simulação. Um desses módulos que é utilizado neste projeto para analisar o fluxo e simular o processo é o FloEFD, que é fornecido pela Mentor Graphics. O módulo proporciona uma boa flexibilidade para as simulações e também para obter os resultados com mais pormenor. O funcionamento da simulação começa com a criação de um novo assistente no módulo. O assistente consiste em todas as condições básicas que são necessárias para simular, como unidades, condições de parede, fluidos, pressões iniciais e também os valores de tolerância. Após a criação do assistente, a árvore do projeto FloEFD aparece na árvore de produtos do CATIA. Esta árvore é constituída por entradas, condições, objectivos e resultados.

Os diagramas abaixo mostram os passos sequenciais na definição das condições iniciais para o assistente iniciar a simulação. A criação de um assistente para iniciar a simulação envolve a definição de condições em 7 passos. O primeiro passo é definir o nome do projeto para a simulação.

O segundo passo é a definição do sistema de unidades. Geralmente, todos os sistemas de unidades serão em unidades SI (m-kg-s). O terceiro passo é definir o tipo de análise. A simulação pode ser efectuada dentro ou fora do projeto. Como estamos a fazer o teste do fluxo hidráulico, escolhemos a análise interna neste passo. O quarto passo é definir um fluido que tem de escoar no interior do projeto.

A base de dados do FloEFD fornece muitos fluidos predefinidos, mas para a nossa simulação é definido um novo fluido compressível de acordo com as propriedades do fluido hidráulico utilizado em aplicações em tempo real. O quinto passo é definir as condições da parede. Como não optámos por qualquer condução de calor nos sólidos, utilizámos condições de parede adiabáticas. O sexto passo é definir as condições iniciais. Escolhemos a intensidade da turbulência para ser 1% para ter mais precisão. E o último passo é definir os resultados e as resoluções da geometria. Quanto maior for a resolução dos resultados, maior será o grau de pormenor **dos resultados da simulação.**

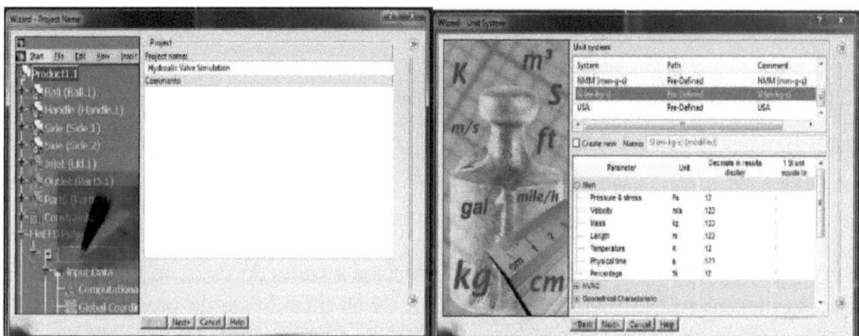

Figura 3: Passo 1 - Definição do nome do projeto.
Figura 2: Etapa 2 - Definição do sistema de unidades

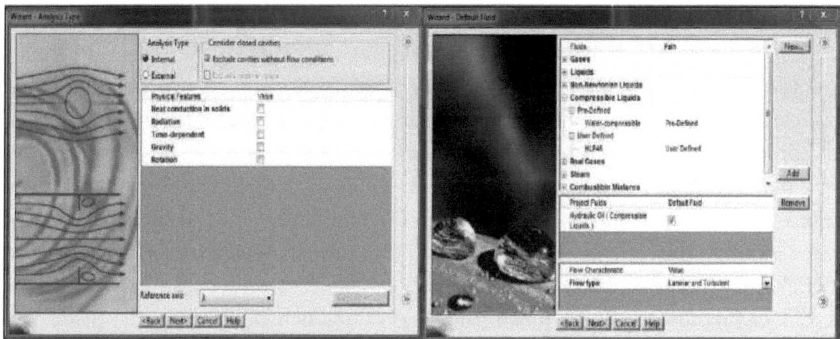

Figura 5: Passo 3 - Definição do tipo de análise
Figura 4: Passo 4 - Definição do fluido predefinido

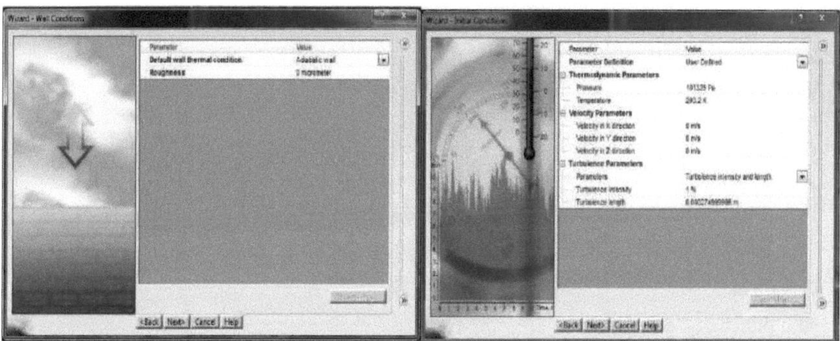

Figura 7: Etapa 5 - Definição das condições da parede
Figura 6: Passo 6 - Definição das condições iniciais

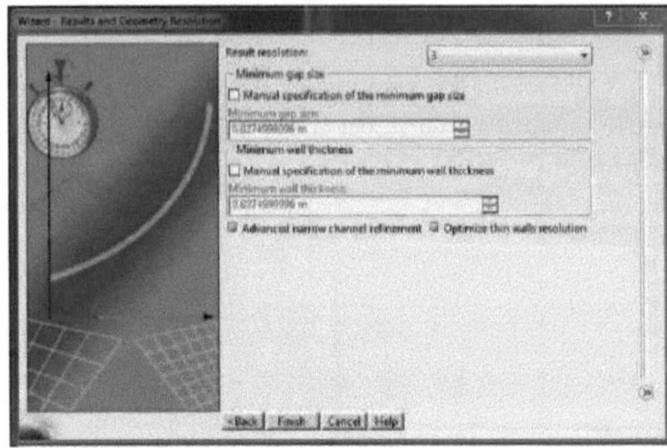

Figura 8: Definição de resultados e resoluções geométricas

3.4 Perdas hidráulicas

As perdas hidráulicas dizem respeito à perda de pressão do fluxo do líquido hidráulico, ou seja, do óleo que passa pela válvula hidráulica. A quantidade de pressão é medida em Mega Pascal, a pressão na válvula hidráulica deve aumentar da entrada para a saída, o mesmo acontecendo com o caudal hidráulico, que é medido em litros/metro. As perdas de energia hidráulica custam dinheiro e atrasam o tempo de escoamento do líquido hidráulico. **3.5 Equipamento de ensaio hidráulico**

As plataformas de ensaio hidráulico são as antigas máquinas de ensaio utilizadas para testar as válvulas hidráulicas, a fim de verificar o funcionamento e o desempenho da válvula antes de esta ser colocada na tarefa desejada para a qual foi concebida. Existem vários tipos de plataformas de ensaio com muitos acessórios para testar as válvulas. Mas as limitações com que nos deparamos atualmente são o facto de estes equipamentos estarem preparados para testar uma variedade limitada de válvulas. Deveria haver uma mudança na configuração para testar a outra variedade da válvula. Assim, neste projeto, tentámos corrigir essa limitação configurando os componentes que são fáceis de mudar de acordo com os requisitos e o tipo de válvula. O funcionamento da plataforma e os componentes utilizados na plataforma são abordados neste capítulo.

3.4.1 Componentes do equipamento de teste hidráulico

Os componentes utilizados para fabricar o equipamento de ensaio hidráulico são os seguintes

- Tanque
- Motor
- Bomba
- Filtros de óleo
- Manómetros de pressão
- Tubos de ligação
- Sensores
  - Sensores de caudal
  - Sensores de temperatura
- Cilindro

Figura 9: Reservatório de óleo hidráulico

Tanque:

O tanque é um componente importante utilizado no banco de ensaio hidráulico; é utilizado para recolher o líquido hidráulico. O líquido é ainda utilizado para verificar a medição do caudal e da pressão. O armazenamento do fluido hidráulico ou a criação de condições de trabalho para preparar corretamente os reservatórios dos elementos do circuito é designado por reservatório hidráulico. O fluido hidráulico aquecido é fornecido com fluxo de ar de forma a que o líquido hidráulico possa ser arrefecido a intervalos regulares. As placas de repouso estão a ser dispostas de modo a evitar o retorno do fluido de um tanque de ar da posição de repouso. O reservatório é selecionado de acordo com o tamanho do sistema de distribuição e a quantidade de espaço necessária para armazenar o fluido hidráulico.

Figura 10: Motor hidráulico

Motor:

É utilizado para fazer funcionar a bomba; um motor hidráulico é um atuador mecânico que converte a pressão e o fluxo hidráulicos em binário e deslocamento angular. O motor hidráulico é a contraparte rotativa do cilindro hidráulico. Um motor hidráulico deveria ser permutável com uma bomba hidráulica porque desempenha a função oposta - semelhante à forma como um motor elétrico de corrente contínua é teoricamente permutável com um gerador elétrico de corrente contínua. No entanto, a maior parte das bombas hidráulicas não podem ser retrocedidas, pelo que não podem ser comparadas com motores hidráulicos e não podem ser utilizadas. Os motores hidráulicos são concebidos de modo a poderem funcionar em ambos os lados do motor. O sistema de acionamento hidráulico é uma combinação de diferentes componentes hidráulicos, como bombas hidráulicas, cilindros e motores, para funcionar. As bombas hidráulicas são combinadas com outra bomba de modo a obter uma transmissão hidráulica dupla.

Figura 11: Bomba hidráulica

Bomba:

As bombas hidráulicas são principalmente utilizadas para acionar sistemas hidráulicos, pelo que podem ser hidrodinâmicas e hidrostáticas. Uma bomba hidráulica é uma fonte de energia mecânica que converte a energia mecânica em energia hidráulica, ou seja, a energia convertida a partir da pressão do fluxo de um líquido. Tem energia suficiente para carregar a partir da sua saída e para vencer a pressão do fluido hidráulico. Quando uma bomba hidráulica funciona, cria um vácuo à entrada da bomba que força o líquido a fluir do reservatório para cima através da sua saída da bomba e que constitui o processo de trabalho do sistema hidráulico. As bombas hidrostáticas são designadas por bombas de deslocamento positivo, ou seja, a energia de fluxo da pressão do líquido pode ser ajustada e pode ser utilizada de acordo com a necessidade, o que é um processo contínuo para obter o fluxo do líquido para fora dos reservatórios.

Figura 12: Filtros de óleo

Filtros de óleo:

O filtro de óleo que é utilizado para filtrar o líquido hidráulico utilizado no banco de ensaio hidráulico para limpar e melhorar o sistema de líquido que flui através da válvula. Aumenta a limpeza do líquido. Os filtros de óleo são utilizados tanto à entrada como à saída do reservatório hidráulico para obter melhores resultados.

Figura 13: Manómetro

Manómetros de pressão:

Os manómetros são utilizados para medir a pressão interna do líquido hidráulico que flui através do tubo. São construídos com um elemento sensor do tubo de Bourdon, o elemento que detecta a pressão utilizada para mostrar a quantidade de pressão que flui através do manómetro no ponteiro do mostrador.

Figura 14: Condutas de ligação

Tubos de ligação:

Os tubos de ligação são utilizados para ligar a válvula ao depósito e a outros acessórios que são utilizados na plataforma de ensaio hidráulico. Estes são um dos principais factores a ter em conta durante o ensaio, porque haverá desvios nas pressões com as ligações dos tubos às válvulas e outros acessórios. Existem diferentes tipos e tamanhos de tubos que são utilizados para várias variedades de válvulas.

Sensores:

or

Figura 15: Sensor de caudal

Sensores de caudal:

Um sensor de caudal é um dispositivo para detetar o caudal de um fluido. Normalmente, um sensor de caudal é o elemento de deteção utilizado num medidor de caudal ou num registador de caudal para registar o caudal de um fluido. Tal como acontece com todos os sensores, a precisão absoluta de uma medição requer a funcionalidade de calibração.

Figura 16: Sensor de temperatura

Sensores de temperatura:

Um sensor de temperatura é utilizado para registar e avaliar as temperaturas, os interruptores de temperatura e o transístor de temperatura, que são montados de forma a serem ligados à linha de pressão. Os sensores de temperatura são utilizados para medir o líquido hidráulico que está a fluir do reservatório hidráulico. Os transdutores de medição da temperatura registam a temperatura e convertem-na num sinal de saída proporcional. Os interruptores electrónicos de temperatura que são utilizados para medir a temperatura do óleo que flui através do tubo e o sinal de comutação registam a temperatura e mostram a leitura.

Figura 17: Cilindro hidráulico

Cilindro:

Um cilindro hidráulico é também designado por atuador mecânico, que é utilizado para medir a pressão do fluxo do fluido hidráulico através do cilindro e para medir o fluxo do líquido que circula no cilindro; a bobina move-se de acordo com o fluxo do líquido que nela circula.

3.5.2 Equipamento de ensaio

O banco de ensaio é constituído por vários componentes que são montados em conjunto e que são mencionados acima. Os componentes mencionados não são apenas todos os componentes do conjunto, mas existem muitos outros componentes que não são mencionados. A montagem requer muitos outros pequenos componentes que não são mencionados, mas que são importantes. Não são mencionados apenas porque são considerados invisíveis. A tabela 1 abaixo mencionada explica as especificações de vários componentes que são utilizados no equipamento de ensaio e também o número de item de cada componente.

S.No	Component	Item Number
1	Motor 22kW B34 4 pol IE2	MR-4P02200-30-B0T01-0000
2	Intermediate piece and shaft coupling	-
3	Pump	F12-040-RF-IV-K-000-0
4	Level glass	FL.69221
5	Tank + lock	-
6	Adding filter triceptor	-
7	Pressure limiter 0-300 bar	-
8	Pressure filter140 l/min	EPF2210QIBM3MG121
9	Cooler 7.2kW	LOC3-4-D-B
10	Flowmeter	SCFT-060-02-02
11	Pressure and temperature sensor	SCPT-400-02-02
12	Cable	SCK-102-03-02
13	Quick coupling female	FF7510 C
14	Quick coupling male	FF7520 C
15	Return filter 130 l/min	MXA2310QBPGG201
16	Valve block for NG6	MSP1D23B910C
17	NG6 valve	D1VW008CNJW
18	Pressure transmitter	SCP02-250-34-05
19	Cable	SCK-102-03-02
20	Manometer 0-400bar	PGC0631400
21	Cylinder	-
22	AC devices 22kW 400V AC Size G	31V-4G0045-BE-2S-0000

Quadro 1: Lista de componentes

Para a montagem de todos estes componentes, foi criado um desenho concetual com todos os componentes com dimensões semelhantes às dimensões da peça original. Os desenhos das peças são aplicados com os respectivos materiais que são geralmente utilizados para as fabricar, de modo a que os componentes sejam diferenciados por cores. O software utilizado para fazer os desenhos gráficos 3D é o CATIA part design e o CATIA product design. As figuras seguintes mostram as várias vistas da montagem completa do desenho Catia em diferentes faces.

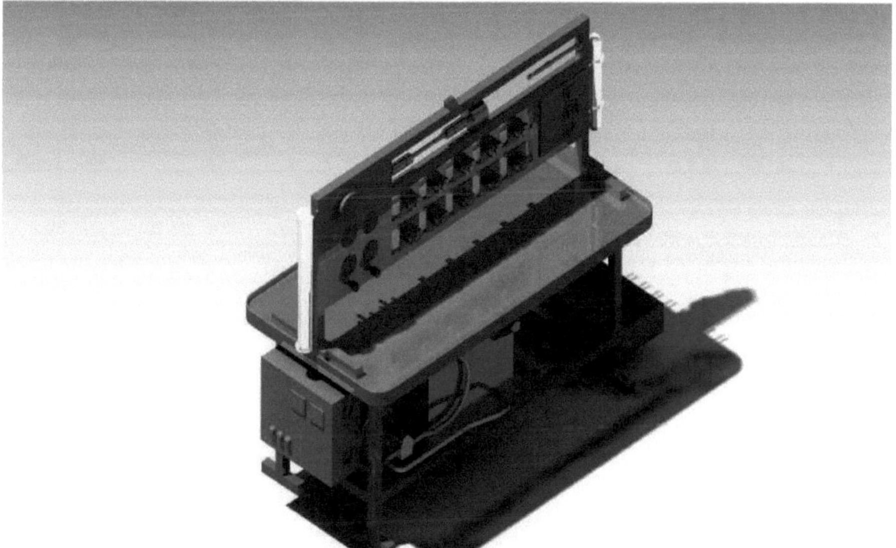

Figura 18: Montagem completa do equipamento de ensaio

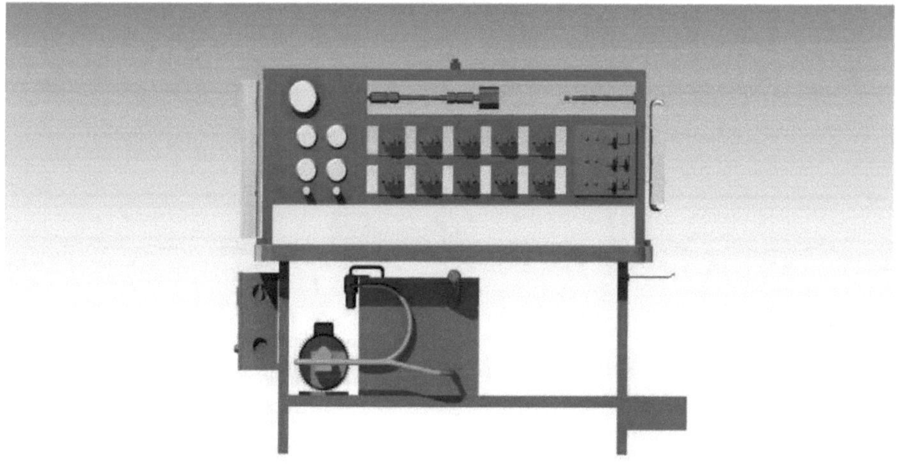

Figura 19: Vista frontal do equipamento de ensaio

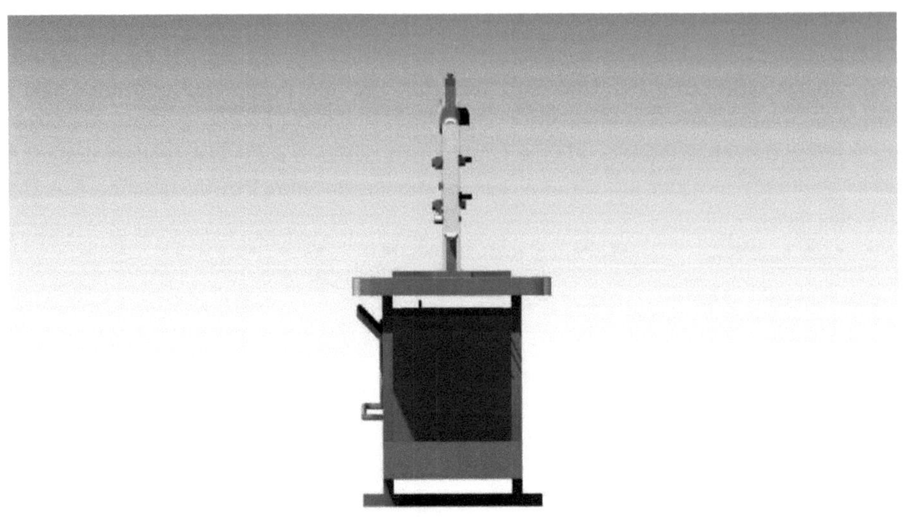

Figura 20: Vista direita do equipamento de ensaio

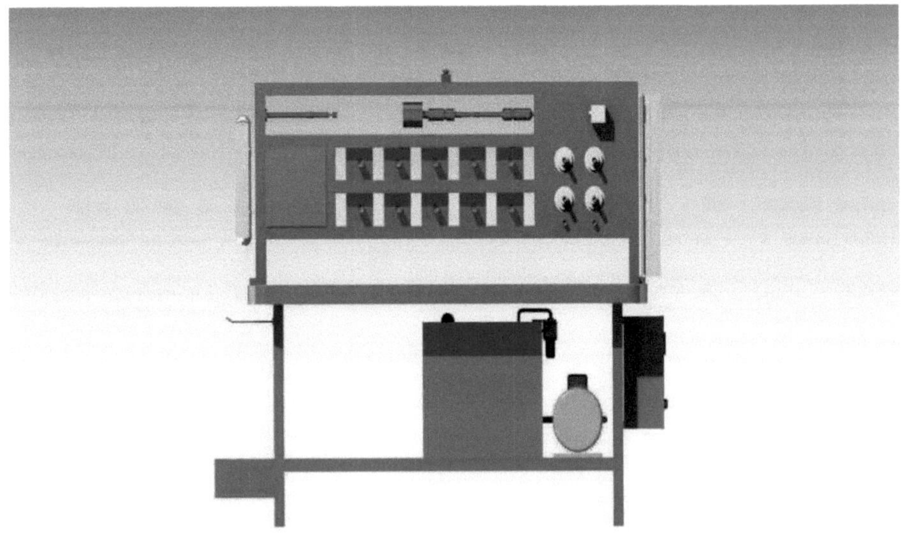

Figura 21: Vista traseira do equipamento de ensaio

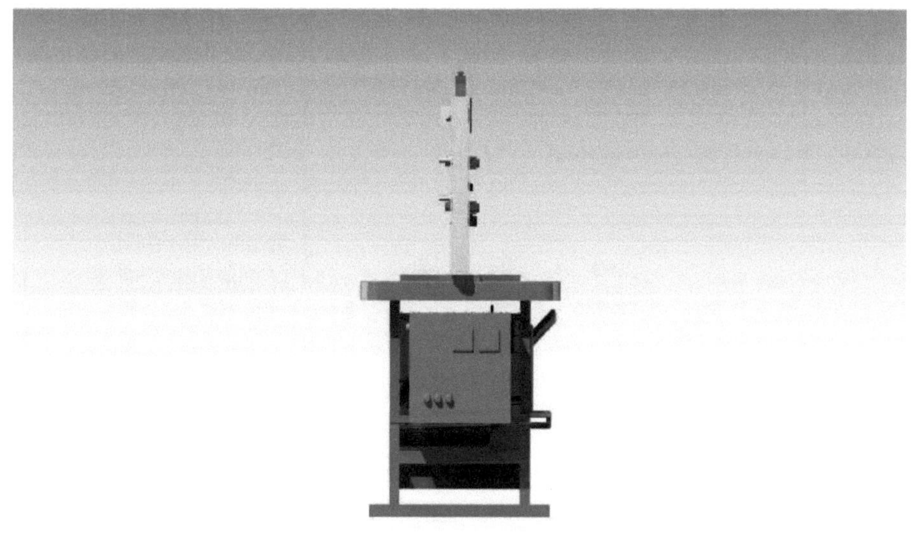

Figura 22: Vista esquerda do equipamento de ensaio

Os cinco diagramas acima não mostram todos os componentes mencionados no quadro 1. Como alguns componentes não são visíveis nas montagens, apenas alguns componentes como a bancada de trabalho, a bomba, o motor, o depósito de óleo, o controlador de resistência, os cabos, o indicador de medição de óleo, os manómetros, o rotor, o cilindro, o botão de segurança, o bloco de válvulas, os interruptores eléctricos e o atuador.

3.5.2 Funcionamento do equipamento de ensaio hidráulico

O funcionamento do ensaio hidráulico pode ser explicado através de um esquema simples, como mostra a Figura 23. O esquema consiste no fluxo simples do processo que é efectuado na plataforma de ensaio.

O ensaio começa com o arranque do motor que está colocado no depósito de óleo hidráulico, que contém o fluido necessário para o fluxo. O óleo é bombeado através da bomba de óleo colocada ao lado do motor, desde o depósito até à válvula.

O óleo é filtrado através do filtro de óleo antes de ser utilizado no processo de fluxo efetivo. A pressão do óleo que é bombeado do depósito é registada através de um manómetro.

O óleo passa através do manómetro e entra na válvula hidráulica que vai ser testada. O caudal e a temperatura do óleo ao longo do processo são monitorizados em determinados pontos utilizando os sensores.

O sensor de pressão que é colocado na entrada e na saída da válvula está ligado ao software de monitorização que regista as pressões continuamente para cada fluxo. O óleo proveniente da saída da válvula passa através do cilindro para verificação da pressão e, por fim, o óleo é novamente introduzido no reservatório. Antes de permitir a entrada do óleo usado no depósito, este é novamente passado pelos filtros, a fim de reduzir a contaminação do óleo no depósito. Ao reduzir a contaminação, o óleo pode ser utilizado para mais iterações do que o normal.

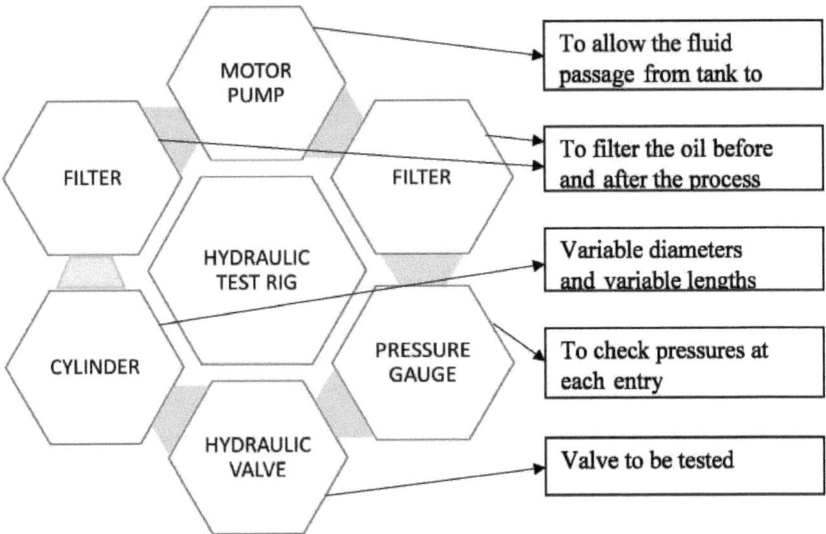

Figura 23: Esquema final do equipamento de ensaio hidráulico

A representação esquemática do funcionamento do equipamento de ensaio hidráulico é mostrada no diagrama de circuitos abaixo Figura 24. O óleo do reservatório de óleo passa através do filtro de óleo para a bomba de óleo com a ajuda de um motor. O óleo que entra na bomba de óleo passa pela válvula de alívio. A válvula de alívio é utilizada para garantir o caudal.

Funciona de tal forma que, se o circuito que o óleo tem de percorrer tiver alguma abertura, fecha automaticamente o fluxo para a válvula e envia novamente o óleo da bomba para o depósito.

O óleo que passa da válvula de alívio entra nos manómetros para o registo das pressões iniciais.

De seguida, entra na ventosa e passa para o cilindro. O óleo que sai do cilindro entra novamente no ventile e passa para o tanque de volta. Entre a ventosa e o depósito é colocado um arrefecedor para arrefecer a temperatura do fluido hidráulico que se eleva devido às variações de pressão.

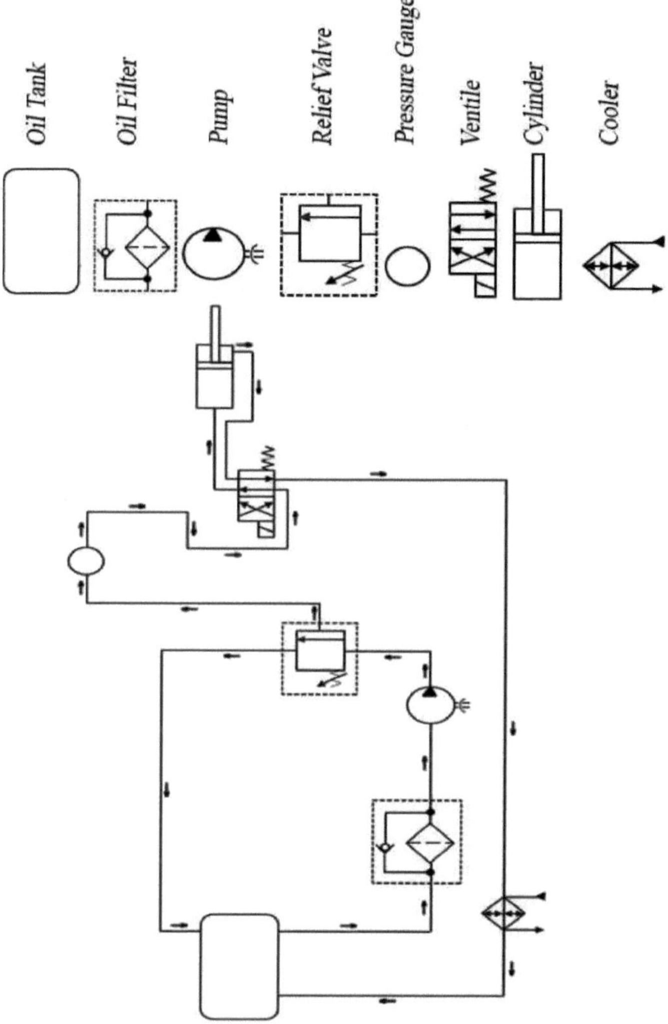

Figura 24: Diagrama esquemático do ensaio hidráulico

CAPÍTULO 4

RESULTADOS

4.1 Desenvolvimento da produção

O desenvolvimento do produto inclui o desenvolvimento de um produto com especificações de engenharia que são muito essenciais para conhecer e desenvolver o produto de forma a que este chegue ao destino final com o resultado desejado. O desenvolvimento do produto é efectuado de várias formas e a melhor forma de o fazer é através da criação da casa da qualidade, também conhecida por Quality Function Deployment (QFD). A criação do QFD requer que os dados tenham uma especificação exigida pelo cliente. Os dados podem ser recolhidos a partir das seguintes etapas mencionadas abaixo para a criação do QFD.

1. Ouvir a voz dos clientes
2. Desenvolver as especificações ou objectivos do produto
3. Descobrir de que forma as especificações satisfazem os desejos dos clientes
4. Determinar em que medida a concorrência cumpre os objectivos
5. Desenvolvimento de objectivos numéricos a atingir

1.1.1 Desenvolvimento de especificações de engenharia - Implementação da função qualidade (QFD)

O método QFD ajuda a gerar as informações necessárias na fase de definição do produto de engenharia do processo de conceção. Este diagrama em forma de casa é constituído por várias divisões, cada uma das quais é desenvolvida e contém informações valiosas.

O desenvolvimento do QFD para o equipamento de ensaio de válvulas hidráulicas foi efectuado com base nos requisitos e nas especificações de engenharia apresentados no quadro 2. A comparação é feita com a empresa FESTO, que já se encontra no domínio da produção de plataformas de ensaio hidráulicas e pneumáticas. Fornece muitas soluções de ensaio de válvulas e também formação no curso de ensaio. Tal como na Figura 1 acima, foi criada a qualidade da casa para o equipamento de ensaio hidráulico. O projeto total está dividido em duas partes: **hardware** e **software.**

A secção de hardware trata do fluxo do processo do fluido hidráulico na válvula e dos acessórios necessários para a experiência. O software trata da análise do fluxo e dos controlos de monitorização do sistema. No QFD, *as* funções são categorizadas nestas partes de hardware e software e os problemas são objeto de um brainstorming.

Os investigadores são os *que* utilizam este equipamento de ensaio para testar as válvulas hidráulicas. De acordo com os investigadores, a ponderação é dada em função de quem *e de quê* para os problemas de hardware e software pretendidos. Na função *now, a* fim de encontrar a posição atual dos problemas e as soluções de cada função, o nosso equipamento de ensaio é comparado com os concorrentes. A ponderação é dada
no âmbito da comparação do produto desenvolvido com o concorrente em now vs *what* function para conhecer o estado atual da nossa norma.
As especificações de engenharia e a solução para cada problema na função "o quê" são listadas na função "como". A ponderação de cada uma das funções "o *quê" em* relação às

funções "como" na perspetiva dos investigadores é apresentada na função *"o quê" versus "como"*. O peso total é calculado para cada função "o quê" em relação à solução "como" e é registado na função *"quanto"* para avaliar o desenvolvimento. A inter-relação entre as soluções na função "como" também é ponderada na função "quanto".

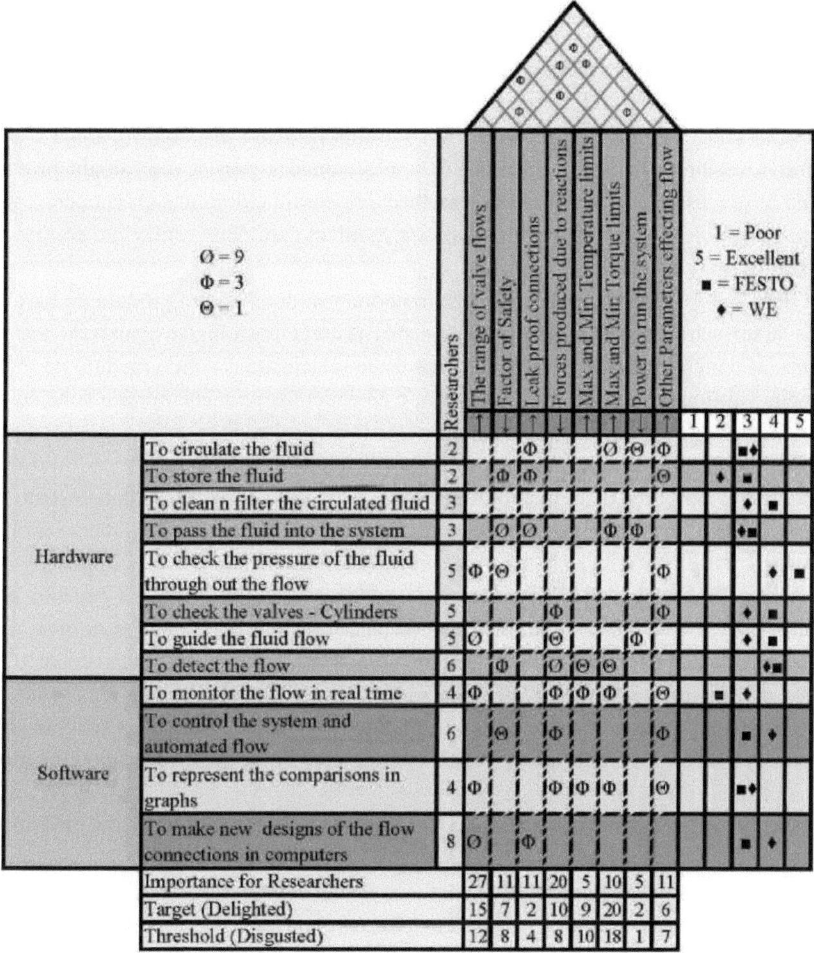

		Researchers	The range of valve flows	Factor of Safety	Leak proof connections	Forces produced due to reactions	Max and Min Temperature limits	Max and Min Torque limits	Power to run the system	Other Parameters effecting flow	1	2	3	4	5
			↑	↓	↑	↓	↑	↑	↓	↑					
Hardware	To circulate the fluid	2			Φ			Ø	Θ	Φ			■♦		
	To store the fluid	2		Φ	Φ					Θ		♦	■		
	To clean n filter the circulated fluid	3											♦	■	
	To pass the fluid into the system	3		Ø	Ø			Φ	Φ				♦■		
	To check the pressure of the fluid through out the flow	5	Φ	Θ						Φ				♦	■
	To check the valves - Cylinders	5				Φ				Φ			♦	■	
	To guide the fluid flow	5	Ø			Θ			Φ				♦	■	
	To detect the flow	6		Φ		Ø	Θ	Θ						♦■	
Software	To monitor the flow in real time	4	Φ			Φ	Φ	Φ		Θ		■	♦		
	To control the system and automated flow	6		Θ		Φ				Φ			■	♦	
	To represent the comparisons in graphs	4	Φ			Φ	Φ	Φ		Θ			■♦		
	To make new designs of the flow connections in computers	8	Ø		Φ								■	♦	
	Importance for Researchers		27	11	11	20	5	10	5	11					
	Target (Delighted)		15	7	2	10	9	20	2	6					
	Threshold (Disgusted)		12	8	4	8	10	18	1	7					

Table 2: Casa da Qualidade - Esquema QFD para um equipamento de teste hidráulico

2.1 .2 Geração de conceitos - Morfologia

A geração de conceitos para o equipamento de ensaio hidráulico segue o conceito de morfologia e procede para obter o melhor conceito. A Tabela 3 pode ser consultada para a geração do conceito apresentado a seguir.

A primeira etapa da morfologia consiste em decompor as funções em subfunções e é decomposta em várias subfunções como factores de bombagem, cilindros, factores de teste, sensores, protocolos de software e saídas de software. A segunda etapa, após a decomposição em subfunções, consiste em desenvolver o maior número possível de conceitos para optar pela melhor solução para cada subfunção decomposta.

A equipa de conceção produziu vários conceitos para cada subfunção, que podem ser consultados no Quadro 2.

A terceira etapa da morfologia consiste em combinar os conceitos individuais de cada subfunção e criar uma solução para o processo. A solução selecionada para o equipamento de ensaio hidráulico na tabela de morfologia está indicada a verde no Quadro 2. A solução do atual concorrente, a FESTO, é também apresentada na última coluna, de modo a que a comparação entre as soluções adoptadas leve a uma reflexão mais aprofundada e permita encontrar a melhor solução. As subfunções seleccionadas para a morfologia provêm do esquema do processo de escoamento na plataforma de ensaio hidráulico. Os conceitos gerados baseiam-se na consideração da melhor forma disponível para obter o máximo controlo e dar os resultados mais desejáveis.

Tal como no QFD, a carta morfológica também está dividida em módulo de hardware e módulo de software. As três primeiras subfunções na carta morfológica abaixo são as funções relacionadas com o hardware e as três últimas estão relacionadas com o módulo de software. A primeira subfunção, o fator de bombagem, é considerada para encontrar a solução para o melhor fluxo do fluido na válvula, a fim de reduzir as perdas de pressão e manter a pressão desejada. Assim, para esse problema, foi criado o conceito de passagem do fluido para o sistema através do bocal de aumento de pressão. A solução da empresa concorrente para o mesmo problema consiste em fazer passar o fluido sem bicos, mas diretamente através do manómetro.

Os cilindros de segunda subfunção são considerados, para utilizar a pressão que foi realizada pela válvula, o óleo hidráulico tem de passar através do cilindro para monitorizar a pressão de saída da válvula hidráulica. Quando comparados com a solução existente, utilizam cilindros diferenciais. A terceira subfunção que é considerada é o fator de ensaio. Nesta subfunção, as pressões que têm de ser monitorizadas e anotadas foram tidas em consideração e foi apresentada uma solução de monitorização da pressão do fluido ao longo do fluxo em todas as entradas e saídas.

A solução existente utiliza o mesmo conceito. A quarta subfunção do gráfico que é considerada é a dos sensores.

Os sensores são muito necessários para controlar, monitorizar e obter os resultados. Assim, os sensores são utilizados para controlar os parâmetros como o calor, a pressão, o caudal e a distância percorrida pelo fluido. A solução existente utiliza os sensores para controlar apenas a pressão.

A quinta subfunção é a dos protocolos de software. Deve haver um comando para que o software funcione corretamente de acordo com o processo. Assim, tem de ser alimentado com comandos como a monitorização das pressões, temperaturas e também do fluxo com controlo total sobre o processo.

Os concorrentes utilizam o software que tem quase a mesma solução que o nosso sistema tem. A última subfunção que foi tida em conta são as saídas do software. Como no processo de ensaio, precisamos de obter resultados exactos que só podem ser produzidos com a ajuda de software.

Os resultados necessários para a experiência do processo são os gráficos das perdas de pressão em função do caudal e das pressões de entrada e saída da válvula. O concorrente utiliza a mesma solução para obter os resultados do software.

Morphology					
Sub functions	*Concept 1*	*Concept 2*	*Concept 3*	*Concept 4*	*Festo Solution*
Pumping factor	To pass the fluid into the system from the motor directly	To pass the fluid in the system through the pressure gauge	To pass the fluid into the system through the pressure increasing nozzle		To pass the fluid in the system through the pressure gauge
Cylinders	Variable lengths cylinders	Variable diameter cylinders	Variable diameter and length cylinders	Fixed parametric cylinders	Differential cylinders
Testing factor	To check the required input pressure	To check the required output pressure	To check both the input and output pressures	To check the pressures all over the system i.e., input, output, and also in the valve	To check the pressures all over the system i.e., input, output, and also in the valve
Sensors	Distance measuring sensor alone	All controls sensor for all parameters i.e., heat, pressure, flow, distance etc.	Distance, pressure and also heat sensors	Distance and pressure sensors	Measures only voltage regulations in the system
Software protocol	Monitor only pressures	Monitors pressure and also controls the system	Monitors pressures, temperatures and controls the system	Monitors the pressures, temperatures, and also flow with total control over the system.	Monitors pressures, temperatures and controls the system
Software outputs	Graphs of output pressures*	Graphs for input and output pressures	Graphs for input and output and also inside the valve		Graphs for input and output and also inside the valve
Team Member 1: Pratikchandra J. Vasava Team Member 2: Raviteja Markonda			Checked by : Raviteja Markonda Prepared by : Pratikchandra J. Vasava Approved by : Bengt-Göran Rosen		

*Comparações entre várias iterações e variáveis.

Table 3: Tabela morfológica para o equipamento de ensaio hidráulico

4.2 Conceção

As simulações são realizadas de modo a obter o comportamento das pressões em vários caudais volumétricos no mesmo desenho de válvula. Quando o lote é executado para calcular os resultados no FloEFD, começa-se com o cálculo da malha. Com as condições iniciais da malha que são dadas, calcula-se que o número de células fluidas no desenho da válvula é 23783, o número de células sólidas no desenho é 36232, as células parciais no desenho são 26758 e no total o número de células no desenho da válvula é 86773. As variações das quedas de pressão (diferença entre a pressão máxima e a pressão mínima no resultado) em função do volume do caudal são apresentadas na tabela seguinte. A tabela 4 representa as quedas de pressão (AP) em função do volume de fluido (Q).

Q (l/min)	ΔP (Bars)
0	0
6	0.07
12	0.19
18	0.46
24	0.71
30	0.98
36	1.29
42	1.67
48	2.10
54	2.59
60	*3.13*
66	3.72
72	4.35
78	5.03
84	5.76
90	6.53
96	7.35

Tabela 4: Quedas de pressão em vários caudais volumétricos na válvula.

Os dados da Tabela 4 acima são obtidos a partir dos resultados das simulações e são apresentados no apêndice em Relatórios de simulação.

Os valores são retirados da tabela min/max nos resultados de cada relatório de iteração e a diferença entre a pressão mínima e máxima em Pascal é calculada e convertida em barras e depois utilizada para gerar um gráfico da queda de pressão (AP) contra o caudal volúmico (Q). O gráfico é apresentado na Figura 18 abaixo. O caudal máximo permitido na válvula é de apenas 601/min, mas mesmo assim as simulações são efectuadas até 96 1/min, de modo a conhecer o comportamento para além do limite.

Na Figura 25, a curva pode ser definida com uma equação $y = 0,0007x^2 + 0,0119x - 0,0073$. O declive da curva é calculado como 0,0767, desenhando uma linha linear que seja mais adequada e próxima da curva. O caudal volúmico máximo permitido para a válvula é de 601/min. Assim, traça-se um ponto no gráfico para mostrar a queda de pressão no caudal máximo na válvula e observa-se que a queda de pressão é de cerca de 3,13 bar.

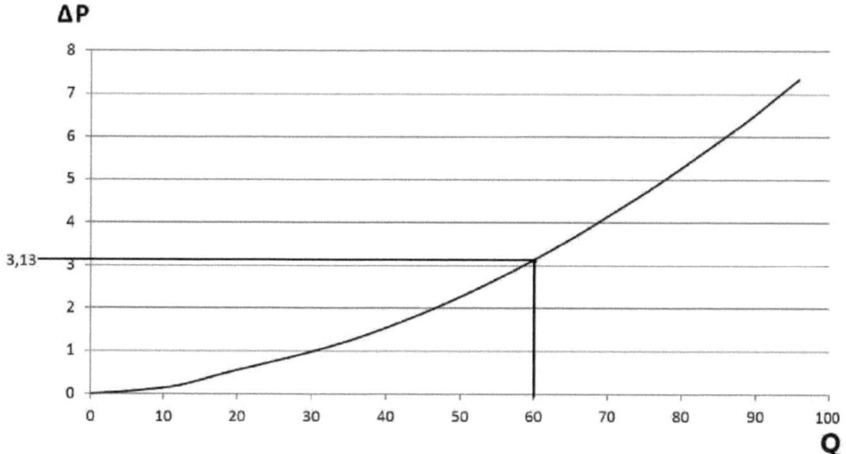

Figura 25: Queda de pressão em função do volume de fluido numa válvula hidráulica

É traçada uma linha de referência com um declive de 0,0116 no gráfico acima para ver o desvio das quedas de pressão em relação aos caudais volúmicos. A equação da reta traçada é definida como y = 0,0116x.

A partir da Figura 26 abaixo, observa-se que o gráfico e a linha permanecem iguais até ao caudal volúmico de 11,241/min. Ou seja, a queda de pressão entre a linha e a curva parece ser a mesma. A 11,241/min, a queda de pressão é de cerca de 0,19 bar. O desvio da curva em relação à linha mostra as variações das quedas de pressão em relação ao caudal volúmico na válvula.

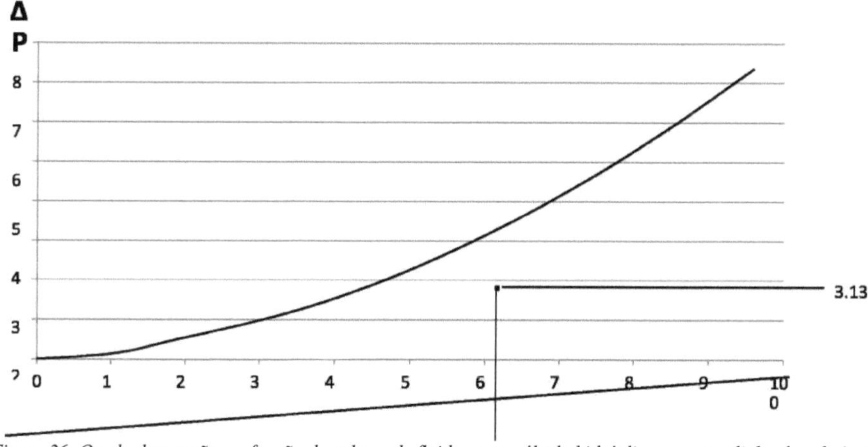

Figura 26: Queda de pressão em função do volume de fluido numa válvula hidráulica com uma linha de referência

4.3 Equações

$$\Delta P = k.Q+C \qquad -(1)$$

$$\Delta P = k_1.Q^2+k_2.Q+C \qquad -(2)$$

Em que "k" é a constante para definir a reta da figura 19 (declive da reta) e "K" é a constante para definir a curva da figura 19.

O valor de k = 0,0116 (constante de linha) e

O valor de K = 0,0767 (constante da curva).

As equações 1 e 2 utilizadas acima são semelhantes às equações para definir uma reta e uma curva simples. A equação 1 é uma equação de reta que tem a forma de $y = mx + c$, em que x, y são as coordenadas e m é o declive da reta, c é uma constante. A equação 2 é uma equação de curva que tem a forma de $y = ax^2 + bx + c$, em que x, y são as coordenadas e a, b, c são as constantes utilizadas para definir a curva. As constantes k e K que são utilizadas nas equações acima são definidas utilizando a Figura 19, na qual é representado o gráfico da queda de pressão em função do caudal volúmico. Como não foi possível encontrar o declive para a curva, desenha-se uma linha próxima da curva para a tornar numa linha de referência que representa a curva. A linha da equação 1 tem um declive de 0,0116 e a linha desenhada para a equação 2 tem um declive de 0,0767. A diferença entre os declives destas duas linhas representa a alteração e o comportamento das quedas de pressão em relação ao caudal volúmico do fluido.

CAPÍTULO 5

PROJECTO DE VÁLVULA HIDRÁULICA

5.1 A patente do novo design da válvula

O projeto de uma válvula hidráulica inclui o projeto de uma válvula completa com todos os componentes montados num único produto. O projeto requer a utilização de vários softwares de desenho. O software utilizado no projeto para o desenho é o AutoCAD. O desenho é fornecido em várias vistas para uma melhor compreensão do projeto nas descrições que se seguem. A Figura 27 mostra a vista em corte transversal da válvula.[6]

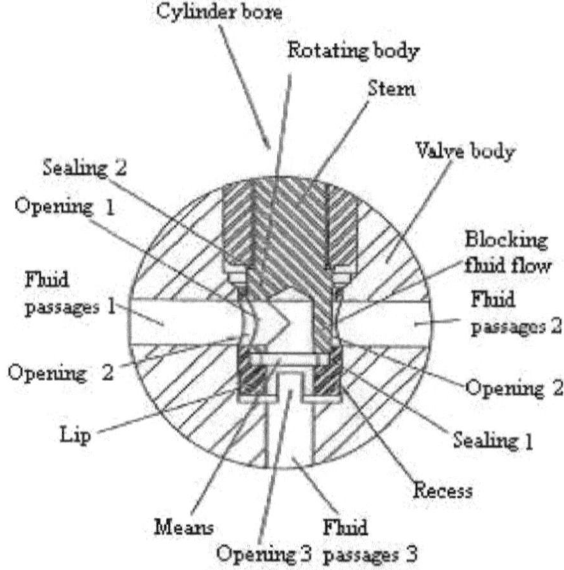

Figura 27: Secção transversal da válvula [6]

[6]No que respeita à figura 27, uma válvula é constituída por um corpo com um orifício cilíndrico e três passagens de fluido 1, 2 e 3 ligadas ao orifício cilíndrico. Duas das passagens de fluido 1 e 2 estão dispostas em ângulo reto em relação ao furo cilíndrico, enquanto a terceira passagem de fluido 3 está disposta em linha com o furo cilíndrico. No interior do furo cilíndrico encontra-se um corpo rotativo.

O corpo rotativo tem meios para receber o fluido que flui através das passagens de fluido 1, 2, 3, e meios para bloquear o fluido que flui através das passagens de fluido 1, 2, 3. As diferentes modalidades dos meios que permitem e bloqueiam o fluxo, respetivamente, serão descritas em pormenor mais adiante. Além disso, uma haste está ligada ao corpo rotativo e estende-se para fora do corpo da válvula para operar a válvula (não ilustrada).

A haste é normalmente uma parte integrada do corpo rotativo, mas nalgumas formas de realização a haste é fixada ao corpo rotativo por meio de soldadura, por exemplo. A válvula inclui ainda pelo menos um vedante 1 disposto no interior do referido furo cilíndrico na área das passagens de fluido 1, 2, 3, para vedar o espaço entre o furo cilíndrico e o corpo rotativo. Na figura, a vedação 1 estende-se abaixo da extensão do corpo rotativo. A vedação 1 tem uma superfície exterior paralela ao eixo do furo cilíndrico e uma superfície interior paralela à superfície lateral exterior do corpo rotativo. O corpo rotativo tem uma forma cónica frusto. Assim, tanto a superfície lateral exterior do corpo rotativo como a superfície lateral interior da junta de estanquidade 1 têm uma certa inclinação. A inclinação situa-se normalmente no intervalo l°-30o e, de preferência, no intervalo 2°-10°.

A figura 28 mostra um elemento da válvula a inserir no corpo da válvula. O elemento da válvula é constituído por um corpo rotativo, ligado a uma haste. O corpo rotativo tem uma forma tronco-cónica, que corresponde à superfície interior do vedante 1. O vedante 1 envolve todo o corpo rotativo e inclui três aberturas 2, 3 através das quais o fluido hidráulico pode fluir. A superfície exterior do vedante 1 tem uma forma cilíndrica, de modo a ser recebida no orifício cilíndrico do corpo da válvula. A haste estende-se através de uma porca roscada e existe uma pega na extremidade da haste para rodar manualmente o corpo da válvula em relação à porca roscada. Existe um tijolo para limitar a rotação do manípulo e, consequentemente, do corpo rotativo entre duas posições, uma posição que permite o fluxo e outra que bloqueia o fluxo.

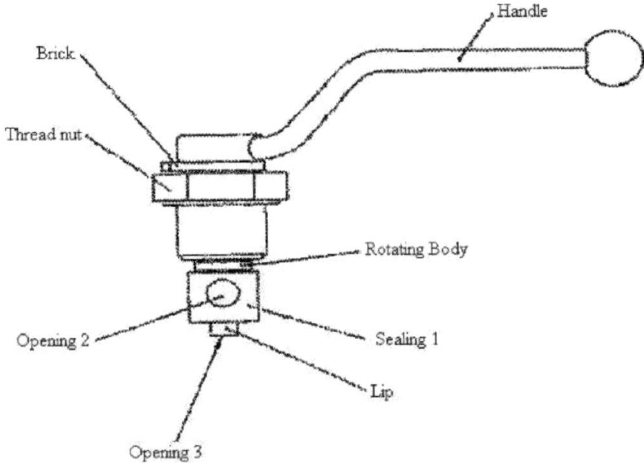

Figura 28: Elemento da válvula que deve ser inserido no corpo da válvula [6]

[6]A figura 29 mostra uma vista explodida em secção transversal de uma válvula que inclui as peças da válvula. No que respeita à Figura 29, é apresentada uma válvula, a qual compreende a parte da válvula. O sistema de fluido inclui um encaixe, com três condutas de fluido 1, 2, 3 ligadas ao orifício cilíndrico do corpo da válvula integralmente formado com o encaixe. As três passagens de fluido 1, 2, 3 do corpo da válvula estão ligadas às condutas de fluido 1, 2, 3. Além disso, uma contra-fossa roscada está ligada ao orifício cilíndrico. O fluxo de fluido nas condutas 1, 2, 3 é controlado através da válvula, fornecida no acessório. A válvula inclui o corpo da válvula, o corpo rotativo e o vedante 1. A vedação 1 está disposta no interior do furo cilíndrico e tem uma superfície interior cónica. Além disso, a vedação 1 inclui três aberturas 2,3 alinhadas com as passagens de fluido 1, 2, 3 do corpo da válvula. A vedação 1

é fixada no interior do furo cilíndrico por meio do lábio, recebido no recesso do furo cilíndrico. O corpo rotativo tem uma forma fibro-cónica, correspondente à superfície interior cónica da vedação 1. Além disso, o corpo rotativo está equipado com meios e uma abertura 1, dos quais os meios estão dispostos na superfície lateral e uma abertura 1 está disposta na superfície da base. O corpo rotativo pode rodar dentro da vedação 1. Além disso, a abertura 1 do corpo rotativo, a abertura 3 da vedação 1 e a passagem do fluido 3 estão alinhadas centralmente. A válvula inclui ainda a haste, formada integralmente com o corpo rotativo. A haste estende-se através de uma porca roscada com um orifício de passagem para receber a haste. A porca roscada é acoplável com o escareador roscado. Na extremidade superior da haste existe um manípulo para acionar manualmente a válvula. O manípulo pode ser um punho de acionamento manual. Numa forma de realização, a haste inclui um núcleo magnético encerrado na haste. Consequentemente, um dispositivo de controlo eletromagnético, para rodar o corpo rotativo ligado à haste, pode substituir o manípulo. Isto é vantajoso na medida em que a válvula pode ser utilizada como uma válvula direcional, controlada automaticamente por meio do dispositivo de controlo. É fornecida uma vedação 2 para selar a interface entre a porca roscada e o corpo rotativo. Durante a montagem da válvula, o corpo rotativo é pressionado para baixo quando a porca é apertada. Assim, o vedante 1 é comprimido entre o corpo rotativo e o furo cilíndrico quando o corpo rotativo é pressionado para baixo.

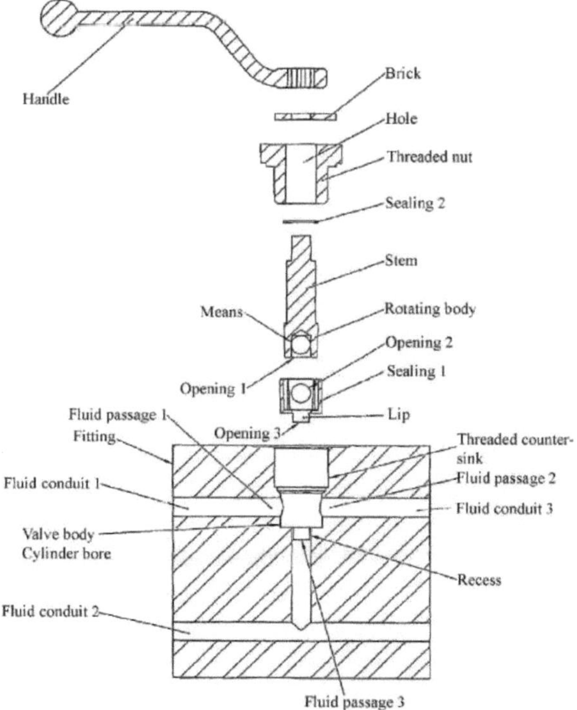

Figura 29: Vista explodida em secção transversal de uma válvula que inclui as peças da válvula [6]

5.2 Válvula NG6:

O NG6[8] tem um design de flange com 4 portas, dito como válvula de carretel. A válvula solenoide de comando direto é do tipo de 5 câmaras. Está disponível uma vasta gama de válvulas direccionais de solenoide com diferentes caudais e pressões de válvulas de controlo para utilização com válvulas de tipo subplaca no formato normalizado ISO, CETOP e NFPA. Podem ser encontradas em modelos personalizados para aplicações OEM multifuncionais e também em formatos padrão. A vantagem da válvula NG 6 é o encaixe preciso da bobina, a baixa fuga de líquido, a longa duração e o facto de a porta roscada ter uma placa de base adicional. A bobina é feita de aço endurecido e o seu corpo é feito de aço fundido de alta qualidade.

- A liga de alumínio de alta resistência tem especificações de 240 bar/ 3500 psi
- Elaboração das normas ISO.
- O alto desempenho dos cartuchos utilizados na indústria é o alto desempenho padrão da Hydra Force.
- Acessório de material de hardware disponível.

NG6

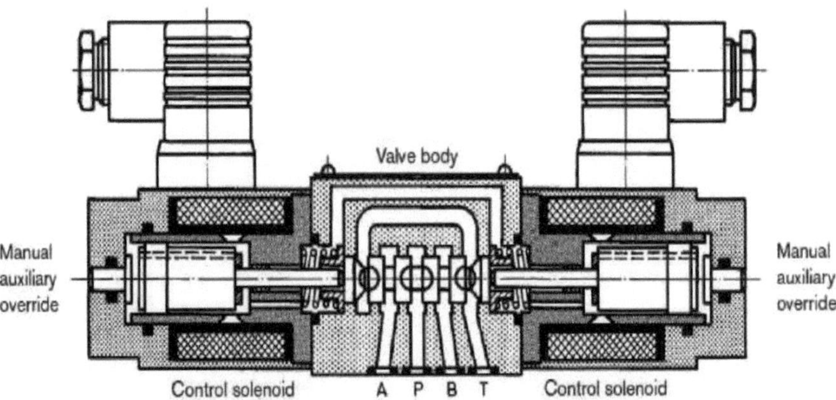

Figura 30: Vista em corte transversal do corpo da válvula solenoid

Diretor de NG6:

O principal objetivo do NG6 é ajustar o caudal de óleo juntamente com um ponto de ajuste que é fixado na eletrónica de disparo. Enquanto a eletrónica controla a bobina do solenoide a e b ligada com a corrente modulada por largura de impulso regulada. A corrente é modulada com um dos lados da bobina do solenoide a ou b, o que garante uma histerese baixa.

O solenoide proporcional converte a corrente em energia mecânica, enquanto o cilindro ou o êmbolo da armadura actua sobre uma bobina para empurrar contra a mola e verificar o fluxo do líquido. Se a força magnética e a força da mola forem iguais, a posição da bobina é ajustada de acordo com a curva apresentada. Se a queda de pressão for mínima e inferior a 30 bar, então a função de estrangulamento tem lugar; se a queda de pressão for superior, os limites de funcionamento devem ser respeitados. A queda de pressão na válvula é limitada de forma fiável pela utilização de um compensador de pressão externo com válvula de vaivém.

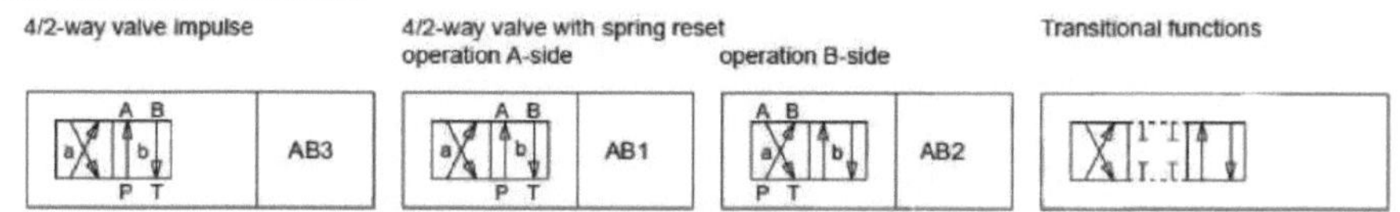

Figura 31: Esquema de comutação da valvula

Função: O solenoide desloca a bobina para várias posições correspondentes.

- Distribuidor de 4/2 vias com 2 solenóides e 2 posições de retenção: com os solenóides desactivados, o distribuidor permanece na última posição de comutação.
- Distribuidor de 4/2 vias em que 1 solenoide e 2 posições de carretel, com mola de compensação, com o solenoide desenergizado o carretel volta à posição de compensação.
- Válvula de carretel de 4/3 vias que tem 2 solenóides e 3 posições de carretel com mola centrada. Quando o solenoide é desenergizado, a bobina volta à posição central.

Utilização e importância do NG6:

As válvulas NG6[9] , operadas por solenoide, são utilizadas principalmente para controlar a direção do movimento, juntamente com o funcionamento e a paragem de cilindros e motores hidráulicos.

A direção do movimento do líquido depende da posição da bobina do cilindro e do fluxo do líquido. Têm um bom desempenho do fluxo de pressão do líquido hidráulico e têm poucas fugas na válvula durante o fluxo de líquido. Os distribuidores accionados por solenoide são adequados para máquinas-ferramentas e sistemas de manuseamento com a melhor entrada e resultado.

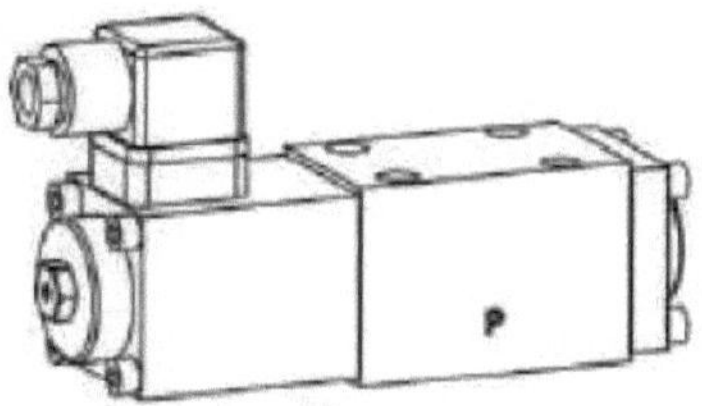

Figura 32: Válvula hidráulica solenoide

5.3Introdução à simulação

A conceção de qualquer produto torna-se mais simples e mais pormenorizada utilizando a versão mais recente do software CATIA V5-6R2013 fornecido pela Dassault Systemes. Este software proporciona flexibilidade no desenho através de várias perspectivas. Os desenhos das peças de cada componente da válvula hidráulica são montados em conjunto para criar o produto final. A Figura 33 seguinte mostra as várias partes da válvula hidráulica.

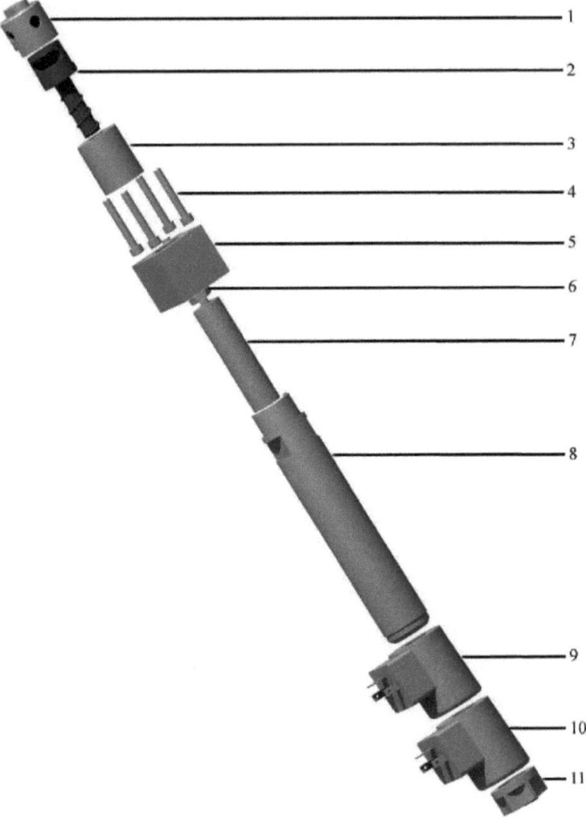

Figura 33: Desenho CATIA da válvula hidráulica

1. Concha
2. Corpo rotativo
3. Invólucro para o corpo rotativo
4. Parafusos
5. Invólucro
6. Parafuso de aperto
7. Caule principal
8. Haste de comutação
9. Casos de mudança
10. Casos de mudança
11. Braçadeira de fixação

O desenho compreende todas as partes da válvula, incluindo o invólucro, o corpo rotativo, a vedação e também alguns componentes electrónicos que serão utilizados para operar a válvula. O componente 1 na Figura 33 acima é o invólucro que contém quatro aberturas, como podemos ver. Estas aberturas são em cada face perpendiculares à abertura adjacente no centro e paralelas à abertura na face oposta. As aberturas servem para ligar os tubos por onde o fluxo entra e sai da válvula. O componente 2 da figura 33 é o corpo rotativo que é controlado pelos componentes 9 e 10 ligados à mesma válvula. A comutação da válvula e a velocidade da válvula são controladas por estes componentes electrónicos 9 e 10. A principal concentração da válvula está nas partes 1 e 2 da Figura 33 para simulação e análise. A montagem completa do projeto da válvula tem o seguinte aspeto: Figura 34.

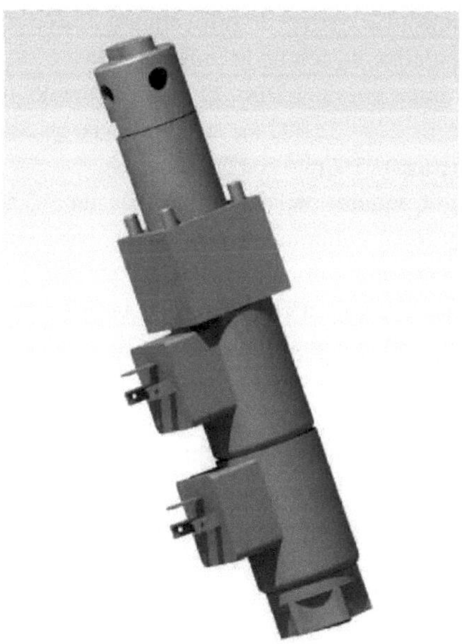

Figura 34: Montagem completa da válvula hidráulica

No desenvolvimento desta válvula hidráulica, o software CATIA é utilizado não só para a conceção, mas também para a análise do fluxo e da turbulência. O software fornece vários módulos para analisar e gerar as simulações no que diz respeito às trajectórias da pressão e do fluxo.

5.4 Simulações - FloEFD

O software CATIA fornece muitos módulos para a análise e simulação. Um desses módulos que é utilizado neste projeto para analisar o fluxo e simular o processo é o FloEFD, que é fornecido pela Mentor Graphics[1] . O módulo proporciona uma boa flexibilidade para as simulações e também para a obtenção de resultados mais pormenorizados. O funcionamento da simulação começa com a criação de um novo assistente no módulo. O assistente contém todas as condições básicas necessárias para a simulação, como unidades, condições da parede, fluidos, pressões iniciais e também os valores de tolerância. Após a criação do assistente, a árvore do projeto FloEFD aparece na árvore de produtos do CATIA.

[1] Mentor Graphics - Sítio Web: http://www.mentor.com/

Esta árvore contém as entradas, condições, objectivos e resultados. As configurações iniciais da malha são definidas para ter 100 células em cada eixo X e Y e 2 células no eixo Z. Como consideramos apenas o plano XY para a avaliação das quedas de pressão, não é necessário adicionar mais células no eixo Z. A malha é utilizada para calcular o tamanho mínimo predefinido da fenda utilizando informações sobre as faces onde as condições de fronteira e os objectivos são especificados. A malha é definida para ter o número caraterístico de células no canal estreito como sendo 11 e o nível de refinamento dos canais estreitos como sendo 2. Como o escoamento é turbulento, as condições iniciais para a pressão estática são fixadas em 101325,00Pa e a temperatura em 293,20K. O óleo utilizado nesta simulação é o óleo hidráulico, que tem uma densidade de 900 kg/m^3 e uma viscosidade de cerca de 46X10' m^{62} /s a 40°C e que se reduz para 30X10' m^{62} /s a 50°C.

A primeira condição de fronteira inicial é definida na superfície interior das tampas para o tubo de entrada com um caudal volúmico de entrada que varia entre 0,000lm^3 /s e 0,0016m^3 /s (61/min e 961/min) a uma temperatura constante de cerca de 293,20K. A segunda condição de fronteira inicial é definida na superfície interior da tampa para o tubo de saída com uma pressão estática constante de IPa e uma temperatura de 293,20K. Todas as configurações iniciais e dados de entrada permanecem os mesmos, mas a única alteração é no caudal volúmico. O caudal volúmico é aumentado em 0,0001 de 0,0001 até 0,0016. O número total de simulações efectuadas é 16. A simulação efectuada em cooperação com a Universidade de Karlstad começa com a inserção de novas condições de fronteira para a entrada e saída do fluxo. As simulações são efectuadas apenas para os componentes 1 e 2 da Figura 33. Depois de inseridas as condições de fronteira, devem ser definidos os objectivos. Os objectivos que definimos nesta simulação são objectivos de superfície. Os objectivos incluem as definições das pressões e dos caminhos de escoamento. Uma vez definidos os objectivos, a simulação é posta a funcionar e as iterações são executadas para obter os resultados finais. Quando a simulação estiver concluída e fechada, os resultados são carregados na árvore do projeto no separador Resultados. Os resultados são apenas carregados, mas não são visíveis até serem definidos. Portanto, para visualizar os resultados, eles devem ser definidos. Os resultados que estão definidos para visualização são a malha com variações de pressão, variações de pressão e caudal volúmico. Os resultados finais podem ser visualizados da seguinte forma: Figura 35, Figura 36 e Figura 37.

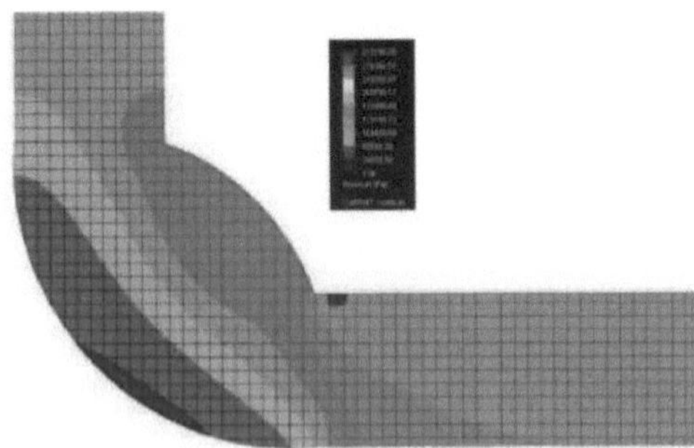

Figura 35: Saída do FloEFD mostrando a malha com variações de pressão

Figura 36: Saída do FloEFD mostrando as variações de pressão

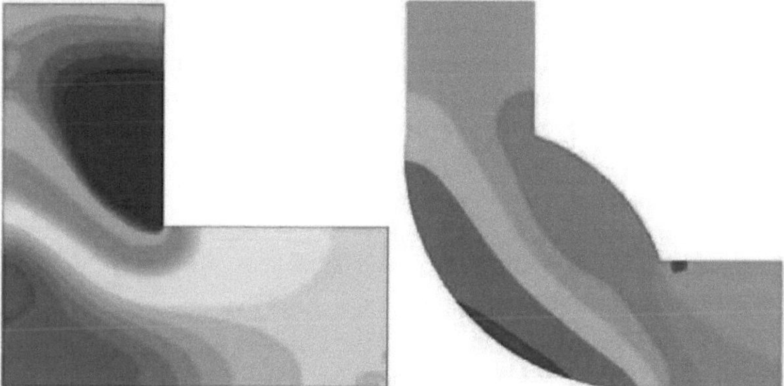

Figura 37: Comparação das simulações do caudal na NG6 (válvula de referência) e na válvula recentemente concebida

As figuras 35 e 36 são obtidas através da simulação do projeto proposto para a válvula hidráulica. A figura 35 mostra as variações de pressão na válvula, incluindo a malha. As definições da malha são utilizadas para obter um nível ótimo de detalhes na medição das diferenças de pressão. A Figura 36 mostra as variações de pressão na válvula. Os pormenores completos podem ser vistos no apêndice, na iteração 10. As comparações das simulações de caudal para a válvula recentemente concebida e para as válvulas existentes são apresentadas na Figura 37. As variações de pressão podem ser diferenciadas com variações de cor na saída da simulação. As cores representam diferentes pressões nos respectivos pontos. Esta variação será utilizada para calcular a pressão num determinado ponto.

CAPÍTULO 6

CONCLUSÃO

Como estamos a avançar no desenvolvimento do equipamento de ensaio hidráulico e na melhoria do design da válvula hidráulica, obtivemos resultados satisfatórios e esperados. Os resultados obtidos são apresentados de seguida.

- Desenvolvimento de um novo equipamento de ensaio hidráulico
- Simulações bem sucedidas da conceção da válvula e comparação do desempenho em termos de quedas de pressão entre a válvula existente (NG6) e a válvula recentemente concebida.
- Calendário de execução das etapas propostas para a construção do sistema hidráulico banco de ensaio

São efectuados vários estudos bibliográficos para uma melhor compreensão de todo o processo. As listas de vários tópicos que são referidos para referência são enumeradas a seguir.

- Teoria da hidráulica
- Princípios de hidráulica
- Teoria da válvula solenoide
- Funcionamento do equipamento de ensaio hidráulico
- Processo de desenvolvimento de produtos
- Gerar a casa da qualidade
- Geração da morfologia.

O software utilizado para o desenho, a conceção, a simulação e o desenvolvimento é o AutoCAD, o CATIA, o FloEFD, o MS-Word e o MS-Excel, respetivamente.

Conclusão

A queda de pressão no caudal máximo é observada na válvula que foi concebida e patenteada [6]. Os resultados são comparados com uma válvula existente NG6 que funciona de forma semelhante à válvula em que estamos a trabalhar. A queda de pressão na NG6 ao caudal máximo de 60l/min é de 8,15 bar. Assim, o resultado obtido com o novo projeto é a redução da queda de pressão em cerca de 5 bar. Os resultados obtidos acima são apenas os resultados da simulação do software. Os resultados dos testes reais ainda não foram efectuados e os testes reais estão programados para serem realizados no futuro, a fim de efetuar todas as alterações necessárias para minimizar a queda de pressão na válvula.

CAPÍTULO 7

ANÁLISE CRÍTICA

O trabalho começou com o desenvolvimento de um equipamento de teste hidráulico com a montagem de componentes simples que são utilizados em equipamentos de teste regulares. A geração da casa da qualidade fornece várias especificações de engenharia e soluções para o problema adquirido. A geração da carta morfológica fornece muitos conceitos para selecionar uma solução para as respectivas subfunções. As soluções são desenvolvidas com a experiência pessoal de especialistas em fabricantes de máquinas de ensaio hidráulico. A TF Hydraulik AB e a Parker Store AB apoiaram o projeto com a sua orientação e conhecimentos. O equipamento de ensaio desenvolvido foi concebido para ser implementado em períodos posteriores com a colaboração da universidade.

O futuro do projeto pode ser bastante surpreendente para o mercado na Suécia, porque este projeto pode levar ao estabelecimento de uma nova empresa que produz as válvulas que são muito eficientes e também os equipamentos de teste com muitos resultados personalizados. A criação da empresa daria uma oportunidade a muitos engenheiros e também a gestores com departamentos de produção e vendas. A válvula concebida pode proporcionar uma grande mudança na história da hidráulica, reduzindo as perdas de pressão, e também os bancos de ensaio proporcionariam uma boa viabilidade para personalizar a simulação e o processo de fluxo.

A principal razão para o desenvolvimento do equipamento de ensaio hidráulico é tornar o processo de ensaio simples e fácil em todos os aspectos, como o trabalho, o controlo e a comparação dos resultados. Assim, certos módulos requerem a combinação de componentes electrónicos e mecânicos que também requerem software de computador para obter resultados melhores e mais precisos. Esta ideia leva-nos a pensar em desenvolver um produto que possa ser manuseado, mantido e monitorizado com facilidade. Na fase de geração do conceito, esta ideia desempenhou um papel fundamental na seleção da solução. As especificações de engenharia são mantidas a um determinado nível e podem ser alteradas com o tempo e as experiências durante a implementação.

A ética da engenharia é seguida e mantida ao longo de todo o processo para se ter um ambiente saudável na fase de desenvolvimento e também na fase de produção. No que diz respeito aos aspectos ambientais, haverá algum ruído e geração de temperatura quando o sistema estiver a funcionar em testes reais devido ao funcionamento do motor e dos cilindros. No entanto, de acordo com o trabalho de tese, o trabalho do projeto concentra-se principalmente no desenvolvimento do processo e na conceção das válvulas, pelo que não foram realizados testes reais, pelo que não são causados efeitos ambientais. Os aspectos económicos do projeto dizem respeito à compra das peças da máquina mencionadas nos capítulos anteriores, o que acrescenta valor ao projeto. Esse procedimento está previsto para o trabalho futuro, pelo que apenas o brainstorming dos colegas de equipa e os conhecimentos de design foram utilizados para concluir o projeto.

A segunda parte do projeto trata da melhoria da conceção da válvula hidráulica. A válvula é concebida de forma a transportar o fluido hidráulico, reduzindo as quedas de pressão. O desenho é inicialmente efectuado por Hans Lofgren, professor da Universidade de Karlstad. Os desenhos são feitos com as dimensões das válvulas reais com observação. O CATIA V5-6R2013 é utilizado para a conceção de cada peça e montagem. O desenho inicial é modificado pelos membros da equipa para melhorar o fluxo e simulado para obter resultados. O desenho finalmente efectuado é simulado num dos módulos de simulação do CATIA, ou seja, o FloEFD. O FloEFD proporciona uma boa facilidade de simulação e fornece resultados que podem ser facilmente compreendidos para comparações ou monitorização. O software é um gerador de resultados múltiplos, no qual gera as variações de pressão no fluxo com variações de cor e a trajetória do fluxo com as linhas de fluxo e também os gráficos necessários para o fluxo versus pressão para diferentes iterações em intervalos de tempo iguais.

De momento, a implementação do desenvolvimento ainda não está concluída, mas o calendário para a implementação já está definido para o próximo período de tempo. A implementação trabalha com os problemas reais que surgiriam durante o trabalho e são resolvidos de forma eficiente. A orientação da pessoa na Parker Store "Thomas Flystam" ajudou no desenvolvimento da geração do conceito e estaríamos dispostos a trabalhar com ele na implementação da máquina de ensaio.

A metodologia é utilizada na pesquisa da literatura. A literatura que foi utilizada como base encontra-se principalmente na Biblioteca da Universidade. O professor e nosso supervisor Bengt-Goran Rosen ajudou-nos a obter toda a informação necessária e apoiou-nos com tudo o que podia fazer por nós.

CAPÍTULO 8

REFERÊNCIAS

[1] Ullman G. (2010) The *Mechanical Design Process* - 4th Editions. Nova Iorque: McGraw Hills.

[2] *Máquinas Hidráulicas* - [Online]. 29 de abrilth 2015. Disponível em: Wikipedia.org - http://en.wikipedia.org/wiki/Hydraulic maquinaria [Acedido: 18th maio 2015]

[3] Ullman G. (2010) A Compreensão do Problema e o Desenvolvimento de Especificações de Engenharia. In: Bill Stenquist (Ed). The Mechanical Design Process. New York: McGraw Hills.

[4] Ullman G. (2010) Geração de conceitos. In: Bill Stenquist (Ed). The Mechanical Design Process. New York: McGraw Hills.

[5] *FESTO - Pacotes de formação* - [Em linha]. 2015. Disponível em: http ://www. festo-didactic.com/int-en/leaming-systems/equipment-sets/hydraulics/training-packages/?fbid=aW50LmVuLi U !Ny4xNy4yMC4 lNTY&page=l &offset=0&showitems=32 [Acedido em: 18th maio 2015].

[6] Christian Lauridsen, 2014. *Válvula e um método para produzir tal válvula. Patente* dos EUANIHB- 1-1002.

[7] Escola de Logística de Aviação do Exército dos EUA, Fort Eustis. (1994) Basic Hydraulic System and Components. Virgínia: U.S. Government Printing Office: 2000-528075/20366 (AL0926).

[8] *Hydroma - Sistemas Hidráulicos* [Online]. 2015. Disponível em: http://www.hydroma. eu/ solenoid- operated-spool-valve-ng6-17820.html [Acedido em: 18th maio 2015].

[9] *Rexroth - Grupo Bosch.* [Online]. 2015. Disponível em: http://www.boschrexroth. eom/ RDSearch/rd/r 29049/re29049 2005-09.pdf [Acedido em: 18th maio 2015].

[10] *Rexroth - Grupo Bosch.* [Online]. 2015. Disponível em: http ://www. boschrexroth- us.com/country units/america/united states/ sub websites/ brus brh i/ en/products ss/ 13 bosch branded products/05 valves/a downloads/9535233717 2.pdf [Acedido: 18th maio 2015].

[11] *Hydraforce - Força em frente* [Online]. 2015. Disponível em: www.hYdraforce. com/EleVeCon/Sens/3-652-l .pdf [Acedido em: 18th maio 2015].

[12] *Hydraforce - Força em frente* [Online]. 2015. Disponível em: www.hydraforce. com/ EleVeCon/Sens/3-653-l .pdf [Acedido em: 18th maio 2015].

[13] *Trerice.* [Online]. 2015. Disponível em: http://www.cpinc.com/ Trerice/Pressure/ l%20- %202%20pressure.pdf [Acedido em: 18th maio 2015].

[14] *TF Hydraulic AB.* [Online]. 2015. Disponível em: http://tfhydraulik.se/ produkter- tjanster [Acedido em: 18th maio 2015].

[15] Ecsedy Christopher J. (2006) Oil Storage Requirements of the SPCC Regulations. *Water Environment Foundation.*

[16] Govinda Rao. N. S. (1962) *Hydraulics.* Nova Iorque: Asia Publishing House.

[17] DIVISÃO DE NORMAS E CURRÍCULOS, FORMAÇÃO DO GABINETE DO PESSOAL NAVAL DOS ESTADOS UNIDOS. (1952) NAVPERS 16193:1952. *Hidráulica Básica.* Washington D. C.: U.S. Government Printing Office.

[18] Edmonson G. V. (1949) Theory of Flow in Pipes. Em: Glenn V. Edmonson (1949). *Hydraulic Machinery.*

[19] Sanket Balapurkat. (2010) *Bernoulli's Principle* [Online] Disponível em: http://www. scribd. eom/doc/3624013 8/Bemoulli-s-Principle#scribd/ [Acedido em: 18th maio 2015]

[20] Serway R. A. (1996) *Bernoulli's Principle - "Physics for Scientists and Engineer".* Volume 1. p. 422-434.

[21] Yu. P. Petrov (1981) Stand for hydraulic testing of valves. Em: Yu. P. Petrov (1981) *Chemical and Petroleum Engineering.* Londres - Kluwer Academic Publishers- Plenum Publishers.

[22] Steven Holzner (2011) *Understanding Pressure using Pascal's Principle* [Online] 2nd Edition. Disponível em: http://www.dummies.com/how- to/content/understanding-pressure- using-pascals-principle.html/ [Acedido em: 18th maio 2015]

[23] Bansal R. K. (2005) *Mecânica e Máquinas Hidráulicas - Unidades* S. *I.* Edição - 9. Nova Deli: Laxmi Publications (P) Ltd.

CAPÍTULO 9

APÊNDICE

Relatórios de simulação

Iteração 1: Volume - 6 l/min

DADOS DE ENTRADA

Dimensões básicas da malha

Number of cells in X	100
Number of cells in Y	100
Number of cells in Z	2

Canais estreitos

Advanced narrow channel refinement	On
Characteristic number of cells across a narrow channel	11
Narrow channels refinement level	2
The minimum height of narrow channels	Off
The maximum height of narrow channels	Off

Condições iniciais

Thermodynamic parameters	Static Pressure: 101325.00 Pa Temperature: 293.20 K

Definições do material

Fluidos: Óleo hidráulico

Condições de fronteira

Volume de entrada Caudal 1

Type	Inlet Volume Flow
Faces	Face7/Solid.1/PartBody/LID1/LID1.2/Product1
Coordinate system	Face Coordinate System
Reference axis	X
Flow parameters	Flow vectors direction: Normal to face Volume flow rate: 0.0001 m^3/s Fully developed flow: Yes
Thermodynamic parameters	Temperature: 293.20 K

RESULTADOS

Informações gerais

Iterações: 171

Tempo de CPU: 327 s

Dimensões básicas da malha

Number of cells in X	100
Number of cells in Y	100
Number of cells in Z	2

Número de células

Total cells	86773
Fluid cells	23783
Solid cells	36232
Partial cells	26758
Irregular cells	0
Trimmed cells	0

Nível máximo de requinte: 2

Tabela Mín/Máx

Name	Minimum	Maximum
Pressure [Pa]	1.00	6786.30
Temperature [K]	293.20	293.46
Density (Fluid) [kg/m^3]	900.00	900.00
Velocity [m/s]	0	3.434
Velocity (X) [m/s]	-3.434	0.817
Velocity (Y) [m/s]	-0.322	2.860
Velocity (Z) [m/s]	-0.825	0.677
Temperature (Fluid) [K]	293.20	293.46
Mach Number [ ]	0	3.43e-003
Vorticity [1/s]	19.497	5380.868
Velocity RRF [m/s]	0	3.434
Velocity RRF (X) [m/s]	-3.434	0.817
Velocity RRF (Y) [m/s]	-0.322	2.860
Velocity RRF (Z) [m/s]	-0.825	0.677
Dynamic Pressure [Pa]	0	5305.59
Shear Stress [Pa]	2.83e-004	113901.28
Reference Pressure [Pa]	101325.00	101325.00
Relative Pressure [Pa]	-101324.00	-94538.70

Heat Transfer Coefficient [W/m^2/K]	0	0
Surface Heat Flux [W/m^2]	0	0
Turbulent Viscosity [Pa*s]	2.0721e-028	0.0945
Turbulence Intensity [%]	3.31e-005	1000.00

Iteração 2: Volume - 12 1/min DADOS DE ENTRADA Dimensões básicas da malha

Number of cells in X	100
Number of cells in Y	100
Number of cells in Z	2

Canais estreitos

Advanced narrow channel refinement	On
Characteristic number of cells across a narrow channel	11
Narrow channels refinement level	2
The minimum height of narrow channels	Off
The maximum height of narrow channels	Off

Condições iniciais

Thermodynamic parameters	Static Pressure: 101325.00 Pa Temperature: 293.20 K

Definições do material

Fluidos: Óleo hidráulico

Condições de fronteira

Volume de entrada Caudal 1

Type	Inlet Volume Flow
Faces	Face5/Solid.1/PartBody/LID1/LID1.2/ Product1
Coordinate system	Face Coordinate System
Reference axis	X

Flow parameters	Flow vectors direction: Normal to face Volume flow rate: 0.0002 m^3/s Fully developed flow: Yes
Thermodynamic parameters	Temperature: 293.20 K

RESULTADOS

Informações gerais

Iterações: 162

Tempo de CPU: 294 s

Dimensões básicas da malha

Number of cells in X	100
Number of cells in Y	100
Number of cells in Z	2

Número de células

Total cells	86773
Fluid cells	23783
Solid cells	36232
Partial cells	26758
Irregular cells	0
Trimmed cells	0

Nível máximo de requinte: 2

Tabela Mín/Máx

Name	Minimum	Maximum
Pressure [Pa]	1.00	18953.77
Temperature [K]	293.19	293.95
Density (Fluid) [kg/m^3]	900.00	900.00
Velocity [m/s]	0	6.859
Velocity (X) [m/s]	-6.859	1.450
Velocity (Y) [m/s]	-0.940	4.997
Velocity (Z) [m/s]	-1.516	1.243
Temperature (Fluid) [K]	293.19	293.95
Mach Number [ ]	0	6.86e-003
Vorticity [1/s]	65.716	9223.169
Velocity RRF [m/s]	0	6.859
Velocity RRF (X) [m/s]	-6.859	1.450
Velocity RRF (Y) [m/s]	-0.940	4.997
Velocity RRF (Z) [m/s]	-1.516	1.243
Dynamic Pressure [Pa]	0	21167.68
Shear Stress [Pa]	0	201054.00
Reference Pressure [Pa]	101325.00	101325.00

Relative Pressure [Pa]	-101324.00	-82371.23
Heat transfer Coefficient[W/m^2/K]	0	0
Surface Heat Flux [W/m^2]	0	0
Turbulent Viscosity [Pa*s]	1.0620e-028	0.2293
Turbulence Intensity [%]	2.34e-005	1000.00

Iteração 3: Volume - 18 l/min

DADOS DE ENTRADA

Dimensões básicas da malha

Number of cells in X	100
Number of cells in Y	100
Number of cells in Z	2

Canais estreitos

Advanced narrow channel refinement	On
Characteristic number of cells across anarrow channel	11
Narrow channels refinement level	2
The minimum height of narrow channels	Off
The maximum height of narrow channels	Off

Condições iniciais

Thermodynamic parameters	Static Pressure: 101325.00 Pa Temperature: 293.20 K

Definições do material

Fluidos: Óleo hidráulico

Condições de fronteira

Volume de entrada Caudal 1

Type	Inlet Volume Flow
Faces	Face7/Solid.1/PartBody/LID1/LID1.2/Product1
Coordinate system	Face Coordinate System
Reference axis	X

Flow parameters	Flow vectors direction: Normal to face Volume flow rate: 0.0003 m^3/s Fully developed flow: Yes
Thermodynamic parameters	Temperature: 293.20 K

RESULTADOS

Informações gerais

Iterações: 162

Tempo de CPU: 309 s

Dimensões básicas da malha

Number of cells in X	100
Number of cells in Y	100
Number of cells in Z	2

Número de células

Total cells	86773
Fluid cells	23783
Solid cells	36232
Partial cells	26758
Irregular cells	0
Trimmed cells	0

Nível máximo de requinte: 2

Tabela Mín/Máx

Name	Minimum	Maximum
Pressure [Pa]	1.00	46126.55
Temperature [K]	293.19	294.66
Density (Fluid) [kg/m^3]	900.00	900.00
Velocity [m/s]	0	7.308
Velocity (X) [m/s]	-6.823	2.131
Velocity (Y) [m/s]	-1.199	7.294
Velocity (Z) [m/s]	-2.262	1.969
Temperature (Fluid) [K]	293.19	294.66
Mach Number [ ]	0	7.31e-003
Vorticity [1/s]	76.988	17447.812
Velocity RRF [m/s]	0	7.308
Velocity RRF (X) [m/s]	-6.823	2.131
Velocity RRF (Y) [m/s]	-1.199	7.294
Velocity RRF (Z) [m/s]	-2.262	1.969

Dynamic Pressure [Pa]	0	24030.24
Shear Stress [Pa]	1.86e-003	345276.07
Reference Pressure [Pa]	101325.00	101325.00
Relative Pressure [Pa]	-101324.00	-55198.45
Heat Transfer Coefficient[W/m^2/K]	0	0
Surface Heat Flux [W/m^2]	0	0
Turbulent Viscosity [Pa*s]	1.7790e-008	0.2759
Turbulence Intensity [%]	0.72	1000.00

Iteração 4: Volume - 24 1/min

DADOS DE ENTRADA

Dimensões básicas da malha

Number of cells in X	100
Number of cells in Y	100
Number of cells in Z	2

Canais estreitos

Advanced narrow channel refinement	On
Characteristic number of cells across anarrow channel	11
Narrow channels refinement level	2
The minimum height of narrow channels	Off
The maximum height of narrow channels	Off

Condições iniciais

Thermodynamic parameters	Static Pressure: 101325.00 Pa Temperature: 293.20 K

Definições do material

Fluidos: Óleo hidráulico

Condições de fronteira

Volume de entrada Caudal 1

Type	Inlet Volume Flow
Faces	Face7/Solid.1/PartBody/LID1/LID1.2/ Product1

Coordinate system	Face Coordinate System
Reference axis	X
Flow parameters	Flow vectors direction: Normal to face Volume flow rate: 0.0004 m^3/s Fully developed flow: Yes
Thermodynamic parameters	Temperature: 293.20 K

RESULTADOS

Informações gerais

Iterações: 134

Tempo de CPU: 279 s

Dimensões básicas da malha

Number of cells in X	100
Number of cells in Y	100
Number of cells in Z	2

Número de células

Total cells	86773
Fluid cells	23783
Solid cells	36232
Partial cells	26758
Irregular cells	0
Trimmed cells	0

Nível máximo de requinte: 2

Tabela Mín/Máx

Name	Minimum	Maximum
Pressure [Pa]	1.00	71107.39
Temperature [K]	293.19	295.60
Density (Fluid) [kg/m^3]	900.00	900.00
Velocity [m/s]	0	9.629
Velocity (X) [m/s]	-8.901	2.787
Velocity (Y) [m/s]	-1.532	9.613
Velocity (Z) [m/s]	-3.045	2.633
Temperature (Fluid) [K]	293.19	295.60
Mach Number [ ]	0	9.63e-003
Vorticity [1/s]	83.002	21861.340
Velocity RRF [m/s]	0	9.629

Velocity RRF (X) [m/s]	-8.901	2.787
Velocity RRF (Y) [m/s]	-1.532	9.613
Velocity RRF (Z) [m/s]	-3.045	2.633
Dynamic Pressure [Pa]	0	41718.80
Shear Stress [Pa]	0	521630.10
Reference Pressure [Pa]	101325.00	101325.00
Relative Pressure [Pa]	-101324.00	-30217.61
Heat Transfer Coefficient [W/m^2/K]	0	0
Surface Heat Flux [W/m^2]	0	0
Turbulent Viscosity [Pa*s]	6.9543e-008	0.3642
Turbulence Intensity [%]	0.90	1000.00

Iteração 5: Volume - 301/min

DADOS DE ENTRADA

Dimensões básicas da malha

Number of cells in X	100
Number of cells in Y	100
Number of cells in Z	2

Canais estreitos

Advanced narrow channel refinement	On
Characteristic number of cells across a	11
narrow channel	
Narrow channels refinement level	2
The minimum height of narrow channels	Off
The maximum height of narrow channels	Off

Condições iniciais

Thermodynamic parameters	Static Pressure: 101325.00 Pa Temperature: 293.20 K

Definições do material

Fluidos: Óleo hidráulico

Condições de fronteira

Volume de entrada Caudal 1

Type	Inlet Volume Flow
Faces	Face7/Solid.1/PartBody/LID1/LID1.2/ Product1
Coordinate system	Face Coordinate System
Reference axis	X
Flow parameters	Flow vectors direction: Normal to face Volume flow rate: 0.0005 m^3/s Fully developed flow: Yes
Thermodynamic parameters	Temperature: 293.20 K

RESULTADOS

Informações gerais

Iterações: 167

Tempo de CPU: 310 s

Dimensões básicas da malha

Number of cells in X	100
Number of cells in Y	100
Number of cells in Z	2

Número de células

Total cells	86773
Fluid cells	23783
Solid cells	36232
Partial cells	26758
Irregular cells	0
Trimmed cells	0

Nível máximo de requinte: 2

Tabela Mín/Máx

Name	Minimum	Maximum
Pressure [Pa]	1.00	97939.67
Temperature [K]	293.18	296.38
Density (Fluid) [kg/m^3]	900.00	900.00
Velocity [m/s]	0	11.974
Velocity (X) [m/s]	-10.934	3.238
Velocity (Y) [m/s]	-2.021	11.946
Velocity (Z) [m/s]	-3.845	3.138
Temperature (Fluid) [K]	293.18	296.38

Mach Number [ ]	0	0.01
Vorticity [1/s]	78.500	22258.246
Velocity RRF [m/s]	0	11.974
Velocity RRF (X) [m/s]	-10.934	3.238
Velocity RRF (Y) [m/s]	-2.021	11.946
Velocity RRF (Z) [m/s]	-3.845	3.138
Dynamic Pressure [Pa]	0	64524.65
Shear Stress [Pa]	2.88e-003	735091.62
Reference Pressure [Pa]	101325.00	101325.00
Relative Pressure [Pa]	-101324.00	-3385.33
Heat Transfer Coefficient [W/m^2/K]	0	0
Surface Heat Flux [W/m^2]	0	0
Turbulent Viscosity [Pa*s]	1.9162e-007	0.4376
Turbulence Intensity [%]	1.05	1000.00

Iteração 6: Volume - 36 l/min

DADOS DE ENTRADA

Dimensões básicas da malha

Number of cells in X	100
Number of cells in Y	100
Number of cells in Z	2

Canais estreitos

Advanced narrow channel refinement	On
Characteristic number of cells across a narrow channel	11
Narrow channels refinement level	2
The minimum height of narrow channels	Off
The maximum height of narrow channels	Off

Condições iniciais

Thermodynamic parameters	Static Pressure: 101325.00 Pa Temperature: 293.20 K

Definições do material

Fluidos: Óleo hidráulico

Condições de fronteira

Volume de entrada Caudal 1

Type	Inlet Volume Flow
Faces	Face7/Solid.1/PartBody/LID1/LID1.2/ Product1
Coordinate system	Face Coordinate System
Reference axis	X
Flow parameters	Flow vectors direction: Normal to face Volume flow rate: 0.0006 m^3/s Fully developed flow: Yes
Thermodynamic parameters	Temperature: 293.20 K

RESULTADOS

Informações gerais

Iterações: 170

Tempo de CPU: 335 s

Dimensões básicas da malha

Number of cells in X	100
Number of cells in Y	100
Number of cells in Z	2

Número de células

Total cells	86773
Fluid cells	23783
Solid cells	36232
Partial cells	26758
Irregular cells	0
Trimmed cells	0

Nível máximo de requinte: 2

Tabela Mín/Máx

Name	Minimum	Maximum
Pressure [Pa]	1.00	128957.57
Temperature [K]	293.18	297.41
Density (Fluid) [kg/m^3]	900.00	900.00
Velocity [m/s]	0	14.334
Velocity (X) [m/s]	-13.101	3.672

Velocity (Y) [m/s]	-2.427	14.273
Velocity (Z) [m/s]	-4.676	3.858
Temperature (Fluid) [K]	293.18	297.41
Mach Number [ ]	0	0.01
Vorticity [1/s]	85.341	22847.772
Velocity RRF [m/s]	0	14.334
Velocity RRF (X) [m/s]	-13.101	3.672
Velocity RRF (Y) [m/s]	-2.427	14.273
Velocity RRF (Z) [m/s]	-4.676	3.858
Dynamic Pressure [Pa]	0	92457.43
Shear Stress [Pa]	3.50e-003	968216.73
Reference Pressure [Pa]	101325.00	101325.00
Relative Pressure [Pa]	-101324.00	27632.57
Heat Transfer Coefficient [W/m^2/K]	0	0
Surface Heat Flux [W/m^2]	0	0
Turbulent Viscosity [Pa*s]	4.2947e-007	0.5071
Turbulence Intensity [%]	1.21	1000.00

Iteração 7: Volume - 42 1/min

DADOS DE ENTRADA

Dimensões básicas da malha

Number of cells in X	100
Number of cells in Y	100
Number of cells in Z	2

Canais estreitos

Advanced narrow channel refinement	On
Characteristic number of cells across a narrow channel	11
Narrow channels refinement level	2
The minimum height of narrow channels	Off
The maximum height of narrow channels	Off

Condições iniciais

Thermodynamic parameters	Static Pressure: 101325.00 Pa Temperature: 293.20 K

Definições do material

Fluidos: Óleo hidráulico

Condições de fronteira

Volume de entrada Caudal 1

Type	Inlet Volume Flow
Faces	Face5/Solid.1/PartBody/LID1/LID1.2/ Product1
Coordinate system	Face Coordinate System
Reference axis	X
Flow parameters	Flow vectors direction: Normal to face Volume flow rate: 0.0007 m^3/s

	Fully developed flow: Yes
Thermodynamic parameters	Temperature: 293.20 K

RESULTADOS

Informações gerais

Iterações: 170

Tempo de CPU: 342 s

Dimensões básicas da malha

Number of cells in X	100
Number of cells in Y	100
Number of cells in Z	2

Número de células

Total cells	86773
Fluid cells	23783
Solid cells	36232
Partial cells	26758
Irregular cells	0
Trimmed cells	0

Nível máximo de requinte: 2

Tabela Mín/Máx

Name	Minimum	Maximum
Pressure [Pa]	1.00	166931.90
Temperature [K]	293.17	298.53

Density (Fluid) [kg/m^3]	900.00	900.00
Velocity [m/s]	0	16.707
Velocity (X) [m/s]	-15.265	4.219
Velocity (Y) [m/s]	-3.230	16.621
Velocity (Z) [m/s]	-5.430	4.687
Temperature (Fluid) [K]	293.17	298.53
Mach Number [ ]	0	0.02
Vorticity [1/s]	89.485	25676.698
Velocity RRF [m/s]	0	16.707
Velocity RRF (X) [m/s]	-15.265	4.219
Velocity RRF (Y) [m/s]	-3.230	16.621
Velocity RRF (Z) [m/s]	-5.430	4.687
Dynamic Pressure [Pa]	0	125610.13
Shear Stress [Pa]	5.21e-004	1108144.28
Reference Pressure [Pa]	101325.00	101325.00
Relative Pressure [Pa]	-101324.00	65606.90
Heat Transfer Coefficient [W/m^2/K]	0	0
Surface Heat Flux [W/m^2]	0	0
Turbulent Viscosity [Pa*s]	8.4045e-007	0.5815
Turbulence Intensity [%]	1.35	1000.00

Iteração 8: Volume - 48 1/min

DADOS DE ENTRADA

Dimensões básicas da malha

Number of cells in X	100
Number of cells in Y	100
Number of cells in Z	2

Canais estreitos

Advanced narrow channel refinement	On
Characteristic number of cells across a narrow channel	11
Narrow channels refinement level	2

The minimum height of narrow channels	Off
The maximum height of narrow channels	Off

Condições iniciais

Thermodynamic parameters	Static Pressure: 101325.00 Pa Temperature: 293.20 K

Definições do material

Fluidos: Óleo hidráulico

Condições de fronteira

Volume de entrada Caudal 1

Type	Inlet Volume Flow
Faces	Face7/Solid.1/PartBody/LID1/LID1.2/
	Product1
Coordinate system	Face Coordinate System
Reference axis	X
Flow parameters	Flow vectors direction: Normal to face Volume flow rate: 0.0008 m^3/s Fully developed flow: Yes
Thermodynamic parameters	Temperature: 293.20 K

RESULTADOS

Informações gerais

Iterações: 168

Tempo de CPU: 353 s

Dimensões básicas da malha

Number of cells in X	100
Number of cells in Y	100
Number of cells in Z	2

Número de células

Total cells	86773
Fluid cells	23783
Solid cells	36232
Partial cells	26758
Irregular cells	0
Trimmed cells	0

Nível máximo de requinte: 2

Tabela Mín/Máx

Name	Minimum	Maximum
Pressure [Pa]	1.00	210089.13
Temperature [K]	293.17	299.85
Density (Fluid) [kg/m^3]	900.00	900.00
Velocity [m/s]	0	19.078
Velocity (X) [m/s]	-17.424	4.770
Velocity (Y) [m/s]	-3.684	18.970
Velocity (Z) [m/s]	-6.254	5.238
Temperature (Fluid) [K]	293.17	299.85
Mach Number [ ]	0	0.02
Vorticity [1/s]	92.488	29031.520
Velocity RRF [m/s]	0	19.078
Velocity RRF (X) [m/s]	-17.424	4.770
Velocity RRF (Y) [m/s]	-3.684	18.970
Velocity RRF (Z) [m/s]	-6.254	5.238
Dynamic Pressure [Pa]	0	163789.01
Shear Stress [Pa]	5.64e-004	1200333.90
Reference Pressure [Pa]	101325.00	101325.00
Relative Pressure [Pa]	-101324.00	108764.13
Heat Transfer Coefficient [W/m^2/K]	0	0
Surface Heat Flux [W/m^2]	0	0
Turbulent Viscosity [Pa*s]	1.4941e-006	0.6528
Turbulence Intensity [%]	1.49	1000.00

Iteração 9: Volume - 541/min

DADOS DE ENTRADA

Dimensões básicas da malha

Number of cells in X	100
Number of cells in Y	100
Number of cells in Z	2

Canais estreitos

Advanced narrow channel refinement	On
Characteristic number of cells across a narrow channel	11
Narrow channels refinement level	2
The minimum height of narrow channels	Off
The maximum height of narrow channels	Off

Condições iniciais

Thermodynamic parameters	Static Pressure: 101325.00 Pa Temperature: 293.20 K

Definições do material

Fluidos: Óleo hidráulico

Condições de fronteira

Volume de entrada Caudal 1

Type	Inlet Volume Flow
Faces	Face5/Solid.1/PartBody/LID1/LID1.2/ Product1
Coordinate system	Face Coordinate System
Reference axis	X
Flow parameters	Flow vectors direction: Normal to face Volume flow rate: 0.0009 m^3/s Fully developed flow: Yes
Thermodynamic parameters	Temperature: 293.20 K

RESULTADOS

Informações gerais

Iterações: 168

Tempo de CPU: 441 s

Dimensões básicas da malha

Number of cells in X	100
Number of cells in Y	100
Number of cells in Z	2

Número de células

Total cells	86773
Fluid cells	23783
Solid cells	36232

Partial cells	26758
Irregular cells	0
Trimmed cells	0

Nível máximo de requinte: 2

Tabela Mín/Máx

Name	Minimum	Maximum
Pressure [Pa]	1.00	259223.59
Temperature [K]	293.16	301.58
Density (Fluid) [kg/m^3]	900.00	900.00
Velocity [m/s]	0	21.465
Velocity (X) [m/s]	-19.579	5.384
Velocity (Y) [m/s]	-4.115	21.341
Velocity (Z) [m/s]	-7.089	6.290
Temperature (Fluid) [K]	293.16	301.58
Mach Number [ ]	0	0.02
Vorticity [1/s]	100.875	32214.953
Velocity RRF [m/s]	0	21.465
Velocity RRF (X) [m/s]	-19.579	5.384
Velocity RRF (Y) [m/s]	-4.115	21.341
Velocity RRF (Z) [m/s]	-7.089	6.290
Dynamic Pressure [Pa]	0	207330.92
Shear Stress [Pa]	4.78e-003	1250984.69
Reference Pressure [Pa]	101325.00	101325.00
Relative Pressure [Pa]	-101324.00	157898.59
Heat Transfer Coefficient [W/m^2/K]	0	0
Surface Heat Flux [W/m^2]	0	0
Turbulent Viscosity [Pa*s]	2.4680e-006	0.7252
Turbulence Intensity [%]	1.62	1000.00

Iteração 10: Volume - 60 1/min

DADOS DE ENTRADA

Dimensões básicas da malha

Number of cells in X	100
Number of cells in Y	100
Number of cells in Z	2

Canais estreitos

Advanced narrow channel refinement	On
Characteristic number of cells across a narrow channel	11
Narrow channels refinement level	2
The minimum height of narrow channels	Off
The maximum height of narrow channels	Off

Condições iniciais

Thermodynamic parameters	Static Pressure: 101325.00 Pa Temperature: 293.20 K

Definições do material

Fluidos: Óleo hidráulico

Condições de fronteira

Volume de entrada Caudal 1

Type	Inlet Volume Flow
Faces	Face4/Solid.1/PartBody/LID1/LID1.2/ Product1
Coordinate system	Face Coordinate System
Reference axis	X
Flow parameters	Flow vectors direction: Normal to face Volume flow rate: 0.0010 m^3/s Fully developed flow: Yes
Thermodynamic parameters	Temperature: 293.20 K

RESULTADOS

Informações gerais

Iterações: 168

Tempo de CPU: 316 s

Dimensões básicas da malha

Number of cells in X	100
Number of cells in Y	100
Number of cells in Z	2

Número de células

Total cells	86773
Fluid cells	23783
Solid cells	36232
Partial cells	26758
Irregular cells	0
Trimmed cells	0

Nível máximo de requinte: 2

Tabela Mín/Máx

Name	Minimum	Maximum
Pressure [Pa]	1.00	313198.26
Temperature [K]	293.16	303.47
Density (Fluid) [kg/m^3]	900.00	900.00
Velocity [m/s]	0	23.832
Velocity (X) [m/s]	-21.730	5.985
Velocity (Y) [m/s]	-4.526	23.696
Velocity (Z) [m/s]	-7.915	6.971
Temperature (Fluid) [K]	293.16	303.47
Mach Number [ ]	0	0.02
Vorticity [1/s]	108.607	34818.714
Velocity RRF [m/s]	0	23.832
Velocity RRF (X) [m/s]	-21.730	5.985
Velocity RRF (Y) [m/s]	-4.526	23.696
Velocity RRF (Z) [m/s]	-7.915	6.971
Dynamic Pressure [Pa]	0	255582.91
Shear Stress [Pa]	5.11e-003	1278271.52
Reference Pressure [Pa]	101325.00	101325.00
Relative Pressure [Pa]	-101324.00	211873.26
Heat Transfer Coefficient [W/m^2/K]	0	0
Surface Heat Flux [W/m^2]	0	0
Turbulent Viscosity [Pa*s]	3.8421e-006	0.7986
Turbulence Intensity [%]	1.75	1000.00

Iteração 11: Volume - *66* l/min

DADOS DE ENTRADA

Dimensões básicas da malha

Number of cells in X	100
Number of cells in Y	100
Number of cells in Z	2

Canais estreitos

Advanced narrow channel refinement	On
Characteristic number of cells across a narrow channel	11
Narrow channels refinement level	2
The minimum height of narrow channels	Off
The maximum height of narrow channels	Off

Condições iniciais

Thermodynamic parameters	Static Pressure: 101325.00 Pa Temperature: 293.20 K

Definições do material

Fluidos: Óleo hidráulico

Condições de fronteira

Volume de entrada Caudal 1

Type	Inlet Volume Flow
Faces	Face4/Solid.1/PartBody/LID1/LID1.2/ Product1
Coordinate system	Face Coordinate System
Reference axis	X
Flow parameters	Flow vectors direction: Normal to face Volume flow rate: 0.0011 m^3/s Fully developed flow: Yes
Thermodynamic parameters	Temperature: 293.20 K

RESULTADOS

Informações gerais

Iterações: 168

Tempo de CPU: 335 s

Dimensões básicas da malha

Number of cells in X	100
Number of cells in Y	100
Number of cells in Z	2

Número de células

Total cells	86773
Fluid cells	23783
Solid cells	36232
Partial cells	26758
Irregular cells	0
Trimmed cells	0

Nível máximo de requinte: 2

Tabela Mín/Máx

Name	Minimum	Maximum
Pressure [Pa]	1.00	371716.25
Temperature [K]	293.15	305.52
Density (Fluid) [kg/m^3]	900.00	900.00
Velocity [m/s]	0	26.211
Velocity (X) [m/s]	-23.875	6.614
Velocity (Y) [m/s]	-5.030	26.064
Velocity (Z) [m/s]	-8.710	7.648
Temperature (Fluid) [K]	293.15	305.52
Mach Number [ ]	0	0.03
Vorticity [1/s]	114.461	37966.968
Velocity RRF [m/s]	0	26.211
Velocity RRF (X) [m/s]	-23.875	6.614
Velocity RRF (Y) [m/s]	-5.030	26.064
Velocity RRF (Z) [m/s]	-8.710	7.648
Dynamic Pressure [Pa]	0	309161.64
Shear Stress [Pa]	2.88e-003	1288517.08
Reference Pressure [Pa]	101325.00	101325.00
Relative Pressure [Pa]	-101324.00	270391.25
Heat Transfer Coefficient [W/m^2/K]	0	0
Surface Heat Flux [W/m^2]	0	0

Turbulent Viscosity [Pa*s]	5.6970e-006	0.8713
Turbulence Intensity [%]	1.87	1000.00

Iteração 12: Volume - 72 1/min

DADOS DE ENTRADA

Dimensões básicas da malha

Number of cells in X	100
Number of cells in Y	100
Number of cells in Z	2

Canais estreitos

Advanced narrow channel refinement	On
Characteristic number of cells across a narrow channel	11
Narrow channels refinement level	2
The minimum height of narrow channels	Off
The maximum height of narrow channels	Off

Condições iniciais

Thermodynamic parameters	Static Pressure: 101325.00 Pa Temperature: 293.20 K

Definições do material

Fluidos: Óleo hidráulico

Condições de fronteira

Volume de entrada Caudal 1

Type	Inlet Volume Flow
Faces	Face4/Solid.1/PartBody/LID1/LID1.2/ Product1
Coordinate system	Face Coordinate System
Reference axis	X
Flow parameters	Flow vectors direction: Normal to face Volume flow rate: 0.0012 m^3/s Fully developed flow: Yes
Thermodynamic parameters	Temperature: 293.20 K

RESULTADOS

Informações gerais

Iterações: 168
Tempo de CPU: 326 s
Dimensões básicas da malha

Number of cells in X	100
Number of cells in Y	100
Number of cells in Z	2

Número de células

Total cells	86773
Fluid cells	23783
Solid cells	36232
Partial cells	26758
Irregular cells	0
Trimmed cells	0

Nível máximo de requinte: 2
Tabela Mín/Máx

Name	Minimum	Maximum
Pressure [Pa]	1.00	435214.13
Temperature [K]	293.15	307.87
Density (Fluid) [kg/m^3]	900.00	900.00
Velocity [m/s]	0	28.586
Velocity (X) [m/s]	-26.016	7.250
Velocity (Y) [m/s]	-5.486	28.425
Velocity (Z) [m/s]	-9.529	8.323
Temperature (Fluid) [K]	293.15	307.87
Mach Number [ ]	0	0.03
Vorticity [1/s]	123.704	41294.590
Velocity RRF [m/s]	0	28.586
Velocity RRF (X) [m/s]	-26.016	7.250
Velocity RRF (Y) [m/s]	-5.486	28.425
Velocity RRF (Z) [m/s]	-9.529	8.323
Dynamic Pressure [Pa]	0	367722.54
Shear Stress [Pa]	3.62e-003	1284523.16
Reference Pressure [Pa]	101325.00	101325.00
Relative Pressure [Pa]	-101324.00	333889.13

Heat Transfer Coefficient [W/m^2/K]	0	0
Surface Heat Flux [W/m^2]	0	0
Turbulent Viscosity [Pa*s]	8.1151e-006	0.9429
Turbulence Intensity [%]	1.99	1000.00

Iteração 13: Volume - 781/min

DADOS DE ENTRADA

Dimensões básicas da malha

Number of cells in X	100
Number of cells in Y	100
Number of cells in Z	2

Canais estreitos

Advanced narrow channel refinement	On
Characteristic number of cells across a narrow channel	11
Narrow channels refinement level	2
The minimum height of narrow channels	Off
The maximum height of narrow channels	Off

Condições iniciais

Thermodynamic parameters	Static Pressure: 101325.00 Pa Temperature: 293.20 K

Definições do material

Fluidos: Óleo hidráulico

Condições de fronteira

Volume de entrada Caudal 1

Type	Inlet Volume Flow
Faces	Face4/Solid.1/PartBody/LID1/LID1.2/ Product1
Coordinate system	Face Coordinate System
Reference axis	X
Flow parameters	Flow vectors direction: Normal to face

	Volume flow rate: 0.0013 m^3/s Fully developed flow: Yes
Thermodynamic parameters	Temperature: 293.20 K

RESULTADOS

Informações gerais

Iterações: 168

Tempo de CPU: 321 s

Dimensões básicas da malha

Number of cells in X	100
Number of cells in Y	100
Number of cells in Z	2

Número de células

Total cells	86773
Fluid cells	23783
Solid cells	36232
Partial cells	26758
Irregular cells	0
Trimmed cells	0

Nível máximo de requinte: 2

Tabela Mín/Máx

Name	Minimum	Maximum
Pressure [Pa]	1.00	502756.04
Temperature [K]	293.15	310.25
Density (Fluid) [kg/m^3]	900.00	900.00
Velocity [m/s]	0	30.956
Velocity (X) [m/s]	-28.153	7.863
Velocity (Y) [m/s]	-5.880	30.781
Velocity (Z) [m/s]	-10.316	8.929
Temperature (Fluid) [K]	293.15	310.25
Mach Number [ ]	0	0.03
Vorticity [1/s]	131.250	44507.280
Velocity RRF [m/s]	0	30.956
Velocity RRF (X) [m/s]	-28.153	7.863
Velocity RRF (Y) [m/s]	-5.880	30.781

Velocity RRF (Z) [m/s]	-10.316	8.929
Dynamic Pressure [Pa]	0	431219.64
Shear Stress [Pa]	4.40e-003	1265031.08
Reference Pressure [Pa]	101325.00	101325.00
Relative Pressure [Pa]	-101324.00	401431.04
Heat Transfer Coefficient [W/m^2/K]	0	0
Surface Heat Flux [W/m^2]	0	0
Turbulent Viscosity [Pa*s]	1.1184e-005	1.0141
Turbulence Intensity [%]	2.11	1000.00

Iteração 14: Volume - 841/min

DADOS DE ENTRADA

Dimensões básicas da malha

Number of cells in X	100
Number of cells in Y	100
Number of cells in Z	2

Canais estreitos

Advanced narrow channel refinement	On
Characteristic number of cells across a narrow channel	11
Narrow channels refinement level	2
The minimum height of narrow channels	Off
The maximum height of narrow channels	Off

Condições iniciais

Thermodynamic parameters	Static Pressure: 101325.00 Pa Temperature: 293.20 K

Definições do material

Fluidos: Óleo hidráulico

Condições de fronteira

Volume de entrada Caudal 1

Type	Inlet Volume Flow

Faces	Face4/Solid.1/PartBody/LID1/LID1.2/ Product1
Coordinate system	Face Coordinate System
Reference axis	X
Flow parameters	Flow vectors direction: Normal to face Volume flow rate: 0.0014 m^3/s Fully developed flow: Yes
Thermodynamic parameters	Temperature: 293.20 K

RESULTADOS

Informações gerais

Iterações: 168

Tempo de CPU: 311s

Dimensões básicas da malha

Number of cells in X	100
Number of cells in Y	100
Number of cells in Z	2

Número de células

Total cells	86773
Fluid cells	23783
Solid cells	36232
Partial cells	26758
Irregular cells	0
Trimmed cells	0

Nível máximo de requinte: 2

Tabela Mín/Máx

Name	Minimum	Maximum
Pressure [Pa]	1.00	575887.70
Temperature [K]	293.14	312.90
Density (Fluid) [kg/m^3]	900.00	900.00
Velocity [m/s]	0	33.325
Velocity (X) [m/s]	-30.287	8.517
Velocity (Y) [m/s]	-6.310	33.138
Velocity (Z) [m/s]	-11.108	9.693
Temperature (Fluid) [K]	293.14	312.90
Mach Number [ ]	0	0.03

Vorticity [1/s]	144.612	47879.581
Velocity RRF [m/s]	0	33.325
Velocity RRF (X) [m/s]	-30.287	8.517
Velocity RRF (Y) [m/s]	-6.310	33.138
Velocity RRF (Z) [m/s]	-11.108	9.693
Dynamic Pressure [Pa]	0	499758.09
Shear Stress [Pa]	1.55e-003	1241740.55
Reference Pressure [Pa]	101325.00	101325.00
Relative Pressure [Pa]	-101324.00	474562.70
Heat Transfer Coefficient [W/m^2/K]	0	0
Surface Heat Flux [W/m^2]	0	0
Turbulent Viscosity[Pa*s]	1.5002e-005	1.0893
Turbulence Intensity [%]	2.22	1000.00

Iteração 15: Volume - 90 1/min

DADOS DE ENTRADA

Dimensões básicas da malha

Number of cells in X	100
Number of cells in Y	100
Number of cells in Z	2

Canal estreito

Advanced narrow channel refinement	On
Characteristic number of cells across a narrow channel	11
Narrow channels refinement level	2
The minimum height of narrow channels	Off
The maximum height of narrow channels	Off

Condições iniciais

Thermodynamic parameters	Static Pressure: 101325.00 Pa Temperature: 293.20 K

Definições do material

Fluidos: Óleo hidráulico

Condições de fronteira

Volume de entrada Caudal 1

Type	Inlet Volume Flow
Faces	Face7/Solid.1/PartBody/LID1/LID1.2/ Product1
Coordinate system	Face Coordinate System
Reference axis	X
Flow parameters	Flow vectors direction: Normal to face Volume flow rate: 0.0015 m^3/s Fully developed flow: Yes
Thermodynamic parameters	Temperature: 293.20 K

RESULTADOS

Informações gerais

Iterações: 169

Tempo de CPU: 316

Dimensão básica da malha

Number of cells in X	100
Number of cells in Y	100
Number of cells in Z	2

Número de células

Total cells	86773
Fluid cells	23783
Solid cells	36232
Partial cells	26758
Irregular cells	0
Trimmed cells	0

Nível máximo de requinte: 2

Tabela Mín/Máx

Name	Minimum	Maximum
Pressure [Pa]	1.00	653462.61
Temperature [K]	293.14	315.67
Density (Fluid) [kg/m^3]	900.00	900.00
Velocity [m/s]	0	35.698
Velocity (X) [m/s]	-32.416	9.120
Velocity (Y) [m/s]	-6.711	35.498

Velocity (Z) [m/s]	-11.888	10.839
Temperature (Fluid) [K]	293.14	315.67
Mach Number [ ]	0	0.04
Vorticity [1/s]	156.059	50284.680
Velocity RRF [m/s]	0	35.698
Velocity RRF (X) [m/s]	-32.416	9.120
Velocity RRF (Y) [m/s]	-6.711	35.498
Velocity RRF (Z) [m/s]	-11.888	10.839
Dynamic Pressure [Pa]	0	573454.82
Shear Stress [Pa]	1.83e-003	1221239.97
Reference Pressure [Pa]	101325.00	101325.00
Relative Pressure [Pa]	-101324.00	552137.61
Heat Transfer Coefficient [W/m^2/K]	0	0
Surface Heat Flux[W/m^2]	0	0
Turbulent Viscosity [Pa*s]	1.9690e-005	1.1644
Turbulence Intensity [%]	2.33	1000.00

Iteração 15: Volume - 90 l/min

DADOS DE ENTRADA

Dimensões básicas da malha

Number of cells in X	100
Number of cells in Y	100
Number of cells in Z	2

Canal estreito

Advanced narrow channel refinement	On
Characteristic number of cells across a narrow channel	11
Narrow channels refinement level	2
The minimum height of narrow channels	Off
The maximum height of narrow channels	Off

Condições iniciais

Thermodynamic parameters	Static Pressure: 101325.00 Pa Temperature: 293.20 K

Definições do material

Fluidos: Óleo hidráulico

Condições de fronteira

Volume de entrada Caudal 1

Type	Inlet Volume Flow
Faces	Face4/Solid.1/PartBody/LID1/LID1.2/ Product1
Coordinate system	Face Coordinate System
Reference axis	X
Flow parameters	Flow vectors direction: Normal to face Volume flow rate: 0.0016 m^3/s Fully developed flow: Yes
Thermodynamic parameters	Temperature: 293.20 K

RESULTADOS

Informações gerais

Iterações: 169

Tempo de CPU: 310 s

Dimensões básicas da malha

Number of cells in X	100
Number of cells in Y	100
Number of cells in Z	2

Número de células

Total cells	86773
Fluid cells	23783
Solid cells	36232
Partial cells	26758
Irregular cells	0
Trimmed cells	0

Nível máximo de requinte: 2

Tabela Mín/Máx

Name	Minimum	Maximum
Pressure [Pa]	1.00	735412.10
Temperature [K]	293.13	318.65
Density (Fluid) [kg/m^3]	900.00	900.00

Velocity [m/s]	0	38.074
Velocity (X) [m/s]	-34.541	9.776
Velocity (Y) [m/s]	-7.109	37.863
Velocity (Z) [m/s]	-12.686	11.661
Temperature (Fluid) [K]	293.13	318.65
Mach Number [ ]	0	0.04
Vorticity [1/s]	165.459	53393.294
Velocity RRF [m/s]	0	38.074
Velocity RRF (X) [m/s]	-34.541	9.776
Velocity RRF (Y) [m/s]	-7.109	37.863
Velocity RRF (Z) [m/s]	-12.686	11.661
Dynamic Pressure [Pa]	0	652349.92
Shear Stress [Pa]	2.16e-003	1188942.34
Reference Pressure [Pa]	101325.00	101325.00
Relative Pressure [Pa]	-101324.00	634087.10
Heat Transfer Coefficient [W/m^2/K]	0	0
Surface Heat Flux [W/m^2]	0	0
Turbulent Viscosity [Pa*s]	2.5386e-005	1.2405
Turbulence Intensity [%]	2.44	1000.00

Printed by Books on Demand GmbH, Norderstedt / Germany